Das
Bienen-Praxisbuch

blv

Imkern für Einsteiger
Kulinarisches & Gesundes aus Honig

SABINE
ARMBRUSTER

Inhalt

Das Beste
aus dem Bienenstock 115

Von Bienen
und Blumen

Eine Welt ohne Bienen? Unvorstellbar! Sie sind nicht nur die ältesten Haustiere des Menschen, sondern ganz einfach unverzichtbar. Ohne sie gäbe es kein Obst, kein Gemüse, keinen Honig und keine bunten Blumen. Nur Fleisch, Getreide und grüne Einöden – welch eine traurige Vorstellung! Wie gut, dass es die Bienen gibt.

Bienen –
immer an unserer Seite

Kaum ein anderes Tier, geschweige denn ein Insekt, genießt in allen Kulturkreisen und, soweit man das überblicken kann, in allen Zeiten seit Menschengedenken ein derartig positives Image wie die Biene, genauer gesagt, die Honigbiene. Ihr Fleiß ist sprichwörtlich, ihr Honig versüßt unser Leben und schenkt uns Gesundheit, und ohne ihre Bestäubungstätigkeit beim Sammeln von

Nektar und Pollen sähe unser Speisezettel ziemlich einseitig aus. So ist es denn auch nicht überraschend, dass eine Biene nun schon seit über 100 Jahren Generationen von Kindern bezaubert: die Biene Maja. Wer mit dieser bekanntesten aller Bienen groß geworden ist, hat sie lieben gelernt und überträgt seine Sympathie meist auf ihre realen Verwandten. Selbst die Tatsache, dass Bienen einen Stachel haben, um ihr Volk und ihren Honig zu verteidigen, tut dieser Zuneigung in den meisten Fällen keinen Abbruch. Zum einen sind die Bienenrassen, mit denen man hierzulande imkert, nicht aggressiv – was nicht heißt, dass sie ihren Stachel nicht auch zu gebrauchen wissen. Zum anderen wiegt all das Positive, das man im persönlichen Umgang mit den Bienen erlebt, die Gefahr bei Weitem auf, hin und wieder gestochen zu werden. Ganz abgesehen davon dürfte Bienengift einer der Gründe dafür sein, dass Imker häufig sehr alt werden. Manche lassen sich sogar absichtlich stechen. Denn Bienengift ist, ebenso wie Honig, Propolis, Blütenpollen, Gelée royale, auch Medizin. Die Dosis macht das Gift.

Nachdem die Zahl der Imker jahrelang rückläufig war, ist sie in letzter Zeit stabil und sogar teilweise leicht steigend. Und was lange Zeit als ein Hobby für Männer jenseits der 60 galt, ist auf dem besten Wege, sich zu einem echten Trend auch für junge Leute beiderlei Geschlechts zu entwickeln. Bienen zu halten ist »in« – sei es im Kleingarten, in der Reihenhaussiedlung, auf dem Dachgarten oder gar auf dem Balkon. Dafür gibt es verschiedene Bienenwohnungen, die in der Imkersprache »Beuten« heißen. Dieser ungewöhnliche Name hat nichts damit zu tun, dass Imker dort Beute machen können. Der Begriff hat sich vielmehr aus einem althochdeutschen Wort für einen Backtrog entwickelt, das im Mittelhochdeutschen dann zudem für einen Waldbienenstock benutzt wurde.

OBEN: Den Bienen haben wir viele gesunde, leckere Dinge zu verdanken, auch knackiges Obst.

Selbst Schulen sind vom Bienenboom nicht ausgenommen, wie die vielen Imker-AGs oder Bienen-AGs zeigen. Vor allem in Städten summt und brummt es zunehmend. Und das ist auch gut so. Denn wer hobbymäßig Bienen hält, tut dies nicht nur um des Honigs willen. Er – und inzwischen immer mehr sie – möchte vielmehr ein wichtiges Stück Natur hautnah erleben, sich um die für unsere Ernährung und unser Ökosystem so wichtigen Bienen kümmern, sie pflegen und nicht zuletzt auch einen entspannenden Ausgleich zur einseitigen Bürotätigkeit oder Fließbandarbeit finden. Die Entspannung kommt dabei fast zwangsläufig. Und das liegt nicht nur an dem gleichmäßigen Summen der eifrig hin und her fliegenden Tierchen. Wer zu den Bienen geht, sollte alles hinter sich lassen, was ihn belastet. Sie haben nämlich ein Gespür dafür, ob jemand ärgerlich oder angespannt in ihre Nähe kommt. Ob dies nun daran liegt, dass man sich in diesem Fall fahriger bewegt oder ob man vielleicht sogar bestimmte Duftstoffe absondert, die für die Bienen Feindseligkeit signalisieren – sie reagieren jedenfalls entsprechend aufgebracht, was man dann als Imkerin oder Imker unweigerlich zu spüren bekommt. Imker, die

ohne Schleier und andere Schutzkleidung an ihren Bienen arbeiten – ja, das gibt es, und ihre Zahl steigt –, sind sogar davon überzeugt, dass der Schleier im Umgang mit den Bienen eher hinderlich ist. Nicht nur, weil er den Blick auf die Bienen einschränkt. Sondern auch, weil man in solch einer »Rüstung« eine entsprechende Reaktion hervorruft. Wenn ein Mensch in voller Kampfmontur vor Ihnen steht, reagieren Sie ja schließlich auch anders, als wenn er Ihnen freundlich lächelnd und mit offenen Händen entgegenkommt.

UNTEN: Blütenpollen ist Nahrung für die Bienen – und dient der Vermehrung der Pflanzen.

Bienen – ein Meisterstück der Evolution

Ohne Bienen sähe die Welt heute mit Sicherheit anders aus. In der Erdgeschichte sind sie vermutlich erstmals vor knapp 100 Millionen Jahren aufgetreten. Das älteste Bienenfossil ist etwa 90 Millionen Jahre alt und wurde eingeschlossen in einem Bernstein im amerikanischen Bundesstaat New Jersey gefunden. Zu dieser Zeit – manche Quellen gehen auch von etwa 130 Millionen Jahren aus – entwickelten sich Blüten, Blätter und Früchte bildende Bäume, später kamen Sträucher und schließlich Kräuter und Blumen hinzu. Bienen und Blütenpflanzen leben also seit vielen Millionen Jahren in einer im wahrsten Sinne des Wortes fruchtbaren Symbiose und haben sich im Lauf dieser Zeit optimal aneinander angepasst.

Vor dem Auftauchen der Bienen auf unserem Planeten war die Vermehrung von Pflanzen eine reichlich unsichere und unberechenbare Sache, da sie allein vom Wind abhing. Dann entdeckten Insekten den Blütenstaub als Nahrungsquelle. Zunächst jedoch ging das für die Pflanzen nicht ohne Blessuren ab. Es wurde nämlich kurzerhand der ganze Staubbeutel gefressen. Auch heute gehen manche Insekten noch so radikal vor. Immerhin wurde und wird dabei auch (männlicher) Pollen auf entsprechende (weibliche) Blütenstempel verteilt. Die Bienen verhalten sich bei ihrem Blütenbesuch viel sanfter und effektiver. Damit sind sie für Blütenpflanzen der ideale Liebesbote und verbessern deren Vermehrungschancen. So ist es kein Wunder, dass die Evolution Pflanzen hervorbrachte, die Bienen mit Nektar und Pollen anlocken. Der Pollen verfängt sich im Haarkleid der Bienen und wird auf der Sammeltour gleichmäßig verteilt. Auch sonst haben sich Bienen und Blüten über Millionen Jahre perfekt aufeinander abgestimmt. Die Blüten konnten ihre empfindlichen Geschlechtsorgane in das Blüteninnere verlagern und besser vor Wind, Wetter und den rabiaten Fressern schützen. So entstanden die Blütenformen, wie wir sie heute kennen: mit tiefen Nektarkelchen und Staubfäden. Bienen entwickelten lange Rüssel, mit denen sie gut an den Nektar herankommen. Dabei sind ausgesprochene Spezialisten entstanden. Es gibt Pflanzen, die nur von einer einzigen (Wild-)Bienenart bestäubt werden können, und Wildbienen, die sich und ihre Nachkommen nur vom Pollen einer einzigen Pflanzenart ernähren. Das hat zur Folge, dass auch die jeweilige Pflanze ausstirbt, wenn die Wildbiene verschwindet – und umgekehrt. Ein guter Grund, im heimischen Garten Nisthilfen für Wildbienen anzubieten.

Wildbienen sind übrigens nicht wild lebende, durch keinen Imker betreute Honigbienen, sondern bilden etwa 1.500 eigene Arten, die meist völlig anders aussehen als die uns bekannten Nektarsammlerinnen und in der Regel auch nicht in Staaten, sondern solitär leben. Sie gelten als besonders gefährdet, weil sie keinen Imker haben, der sie füttert, wenn sie wegen der Monokulturen in der Landwirtschaft kaum noch Blüten finden.

Lockruf des Honigs

Die Bienen gibt es schon viel länger als den Menschen, der als Homo sapiens erst aus einer Zeit von vor etwa 200.000 Jahren fossil belegt ist. Wann unsere Vorfahren die Bienen – oder vielmehr ihren Honig – entdeckten, darüber kann man nur spekulieren. Dass der süße Geschmack jedoch schon für Steinzeitmenschen äußerst attraktiv war, dafür gibt es sogar wissenschaftliche Anhaltspunkte. Weltweit mögen Neugeborene süße Speisen und Getränke. Wissenschaftler führen dies darauf zurück, dass es praktisch nichts Süßes gibt, das von Natur aus giftig ist. Honig sollte man Kindern unter einem Jahr wegen der Gefahr von Säuglingsbotulismus trotzdem nicht geben. In der Menschheitsgeschichte war die Vorliebe für Süßes ein Überlebensvorteil, nicht nur weil der süße Geschmack ziemlich sicher auf Ungiftigkeit hinweist, sondern der Zucker auch schnell abrufbare Energie aus Kohlenhydraten liefert. Erst seit es in Industrieländern ein Überangebot an Nahrungsmitteln gibt, ist die (zügellose) Vorliebe für Süßes eher ein Nachteil.

Nicht nur wir Menschen lieben Honig. Auch Bären sind ganz versessen darauf, und dafür nehmen sie oft viele Stiche in Kauf. Da die Petze über einen ausgezeichneten Geruchssinn verfügen, ist zu vermuten, dass die ersten Menschen auf der Suche nach Honig den Spuren der Bären folgten, die sie sicher zum begehrten Ziel führten. Andererseits nutzten unsere Vorfahren die Vorliebe der Bären für Honig, indem sie sie mit Honig in Fallen locken. Der »Bärenfang«-Likör (Rezept s. S. 134) trägt seinen Namen nicht ohne Grund. Die Bären zahlten es den Menschen aber mit gleicher Münze zurück. Bis ins 19. Jahrhundert hinein überfielen sie die Bienenstöcke, die die Imker aufgestellt hatten, und richteten dabei meist eine erhebliche Zerstörung an.

Die frühen Honigjäger setzten sich großen Gefahren aus. Wenn sie hohe Bäume erklommen oder sich an steilen Felsen entlanghangelten, um dort Waben zu brechen, die von den rechtmäßigen Besitzerinnen wütend verteidigt wurden, war das ebenso riskant, wie der Spur eines Bären zu folgen – oder mit der Beute in der Tasche am Boden schon von einem hungrigen Bären erwartet zu werden. Es ist klar, dass es die süße Leckerei nicht allzu oft gab. Dass andererseits die Menschen all diese Gefahren auf sich nahmen, zeigt, wie begehrt das flüssige Gold der Bienen war. Viele Naturvölker ernten Honig übrigens noch genauso, und auch aus ihrer Sicht wiegt der Schatz das Risiko auf.

Die meisten unserer Vorfahren suchten und fanden jedoch Wege, die Sache zu erleichtern. Man geht davon aus, dass seit etwa 12.000 vor Christus gezielt Honig aus den Nestern wilder Bienen gewonnen wurde.

Und als der Mensch vor etwa 10.000 Jahren sesshaft wurde, war es nur ein logischer Schritt, auch die Bienen näher ans Haus zu holen. Eine systematische Hausbienenhaltung ist seit ungefähr 7.000 vor Christus belegt, und zwar aus frühneolithischen Kulturen in Zentralanatolien.

Wappentier der Pharaonen

Ab etwa 4.000 vor Christus gab es in Ägypten eine hoch entwickelte Bienenhaltung.

Die Bienenhieroglyphe war neben der Binsenhieroglyphe die wichtigste im ganzen Reich, die sogenannte Königshieroglyphe. Es erscheint im ersten Moment überraschend, dass die mächtigen Pharaonen ausgerechnet die kleine Biene als Identifikationsobjekt wählten. Genau betrachtet war die Wahl jedoch wohlüberlegt. Sowohl die Biene, die durch das goldene Sonnenlicht fliegt, als auch die Pharaonen galten als Reinkarnation von Re, dem Sonnengott. Und beide sind durchaus wehrhaft, wenn das Volk geschützt werden muss. Einer ägyptischen Legende ha-

UNTEN: Felder mit Kornblumen und Mohn gibt es heute nur noch selten – schlecht für die Bienen.

OBEN: Bienen waren im alten Ägypten sehr bedeutend. Man hielt sie für Boten der Götter.

ben wir übrigens auch den zoologischen Namen der Biene, *Apis mellifera*, zu verdanken. Der Apis-Stier galt in Ägypten als heilig und als Symbol der Fruchtbarkeit, und die ersten Bienen sollen aus dem Kadaver eines geopferten Stiers gekommen sein.

Mehr als 5.000 Jahre alte ägyptische Bienenamulette zeigen, dass Bienen als Glücksbringer und Unheilabwender galten. Kein Wunder, wenn man bedenkt, wie vielfältig die Schätze aus dem Bienenstock damals schon genutzt wurden. Die Ägypter wussten, dass Honig heilt und stärkt. Deshalb wurde Honig in Kriegszeiten als Medizin für die Verwundeten mitgeführt. Er wurde aber auch in solchem Umfang den Göttern geopfert, dass die Tempelpriester zeitweise dazu gezwungen waren, selbst Bienen in der Nähe der Heiligtümer zu halten. Honig war so teuer, dass er der Oberschicht vorbehalten war. Ein Topf davon hatte denselben Wert wie ein Rind oder ein Esel. Hohe Beamte bekamen einen Teil ihres Gehalts in Honig. Ob unsere Beamten wohl damit zufrieden wären?

Obwohl sie von Viren und Bakterien nichts wussten, nutzten die Nilanwohner die keimtötende Wirkung von Propolis. Dieses Knospenharz wurde zum Einbalsamieren der toten Pharaonen verwendet, die bis in die Gegenwart als Mumien überdauert haben. Imker stellen eine ähnliche Wirkung fest, wenn beispielsweise eine Maus in den Bienenstock eingedrungen ist und dort totgestochen wurde. Sie ist zu groß und kann von den Bienen nicht aus dem Stock getragen werden. Damit sie jedoch für das Bienenvolk keine Infektionsgefahr darstellt, wird sie von den Bienen mit Propolis überzogen. So wird aus der toten Maus eine nahezu perfekte Mäusemumie – von den fehlenden Leinenbinden einmal abgesehen.

Den Ägyptern war auch bekannt, dass man Bienen braucht, wenn man etwas zu essen haben will. Deshalb betrieben sie schon 2.400 vor Christus Wanderimkerei auf dem Nil. Die Bienen bestäubten während der langsamen Fahrt Blüten entlang des Flusses, was für eine reiche Ernte an Obst, Gemüse und Honig sorgte.

Diese Form der Wanderimkerei wird in Ägypten übrigens heute noch betrieben. Und auch die Tonröhren, die von den Fellachen verwendet werden, sind noch praktisch die gleichen wie zur Zeit der Pharaonen. Sie werden mit Nilschlamm verschlossen, das Flugloch wird mit dem Finger hineingestoßen.

Wer so Wunderbares herstellt wie die Bienen und wer zudem noch die Ernährung der Menschen sicherte, der konnte aus Sicht der alten Ägypter eigentlich nur von den Göttern gesandt sein. Hinzu kam, dass alles, was sich im dunklen Bienenstock abspielt, den Menschen lange Zeit verborgen und rätselhaft blieb. Gleichermaßen rätselhaft und bezaubernd sind natürlich gebaute Waben mit ihren regelmäßigen Sechseckzellen: Im unbe-

nutzten Zustand sind die Zellen cremeweiß, hauchzart und durchsichtig, im Lauf der Zeit werden sie gelb, schließlich dunkelbraun bis fast schwarz. Dies alles erklärt, warum die Bienen von den alten Ägyptern als Götterboten verehrt wurden.

Auch wenn man im Lauf der Jahrtausende vieles über die fleißigen Tiere gelernt und erforscht hat, haftet ihnen selbst heute noch etwas Geheimnisvolles, ja geradezu Zauberhaftes an. Für jede Frage, die beantwortet ist, tun sich mindestens zwei neue auf. Aber gerade das macht auch die ungeheure Faszination der Bienen für diejenigen aus, die sich näher mit ihnen befassen.

INFO: Ein Imkerhandbuch in Hieroglyphenform

Aus der Zeit des alten Reiches, das um 2.635 vor Christus begann, liegen viele bildliche Zeugnisse der ägyptischen Imkerei vor und zeigen ihren hohen Entwicklungsstandard. Ein Flachrelief aus dem Sonnenheiligtum des ägyptischen Pharaos Niuser-Re (vor über 4.000 Jahren) zeigt eine Imkerszene, bei der man sogar die verschiedenen Arbeitsschritte Honigernte, Reinigung der Vorratsgefäße und Versiegelung des Honigs in Kugeltöpfen sehen kann.

Das Land, in dem Milch und Honig fließen

Vom alten Ägypten ist es nur ein kleiner Schritt ins alte Israel. Die Bibel hält fest, dass Gott dem Volk Israel versprach, es aus der Knechtschaft in Ägypten fortzuführen in »ein Land, in dem Milch und Honig fließt«: nach Kanaan. Milch und Honig galten als Symbole der Fruchtbarkeit, und so wurde das Bibelzitat auch lange Zeit gedeutet. Forscher entdeckten jedoch vor wenigen Jahren Hinweise darauf, dass es schon vor 3.000 Jahren im gelobten Land eine hoch entwickelte Bienenhaltung gab: Sie fanden die Überreste von Bienenhäusern aus dem zehnten Jahrhundert vor Christus. Wissenschaftler der Hebräischen Universität in Jerusalem schätzen, dass die Imkerei schon damals jährlich mehrere hundert Kilogramm Honig produzieren konnte.

Ebenso wie im alten Ägypten war Bienenhonig auch in Israel ein sehr teures Konsumgut. Man vermutet, dass Imkerhonig mit dem Begriff »Honig aus dem Felde« bezeichnet wurde und nur Reichen zur Verfügung stand. Ärmere Bevölkerungsschichten sammelten den

OBEN: Honig und Pollen sind gesunde Geschenke der Bienen.

Honig von wilden Bienen (Honig aus dem Felsen) mühsam ein. Von Johannes dem Täufer wird berichtet, dass er sich von Heuschrecken und wildem Honig ernährte. Honig diente nicht nur zum Süßen, wie zum Beispiel von Gebäck, sondern ebenfalls zur Konservierung leicht verderblicher Lebensmittel. So wurden beispielsweise Früchte, aber auch Heuschrecken in Honig eingelegt. Außerdem wurde Honig in der Medizin verwendet: etwa gegen Herzleiden, Gicht und als Wundverband. Deshalb galt Honig – neben Wasser, Feuer, Eisen, Salz, Mehl, Milch, Wein, Öl und Kleidern – als eines der elementaren Bedürfnisse des Menschen. Man geht davon aus, dass Honig auch zu kultischen Zwecken eingesetzt wurde. Das Bienenwachs wurde wohl zum Fetten von Leder ebenso verwendet wie für die Beschichtung hölzerner Schreibtafeln.

Griechische Götter und Honig: eine mystische Verbindung

Um das Jahr 600 vor Christus ist in Griechenland eine voll entwickelte und durch Gesetze geregelte Imkerei nachgewiesen. So musste zum Beispiel ein Imker wenigstens 300 Fuß Abstand zum nächsten Imker halten.

Schon in den ältesten Zeiten war Bienenhonig den Griechen nahezu heilig. Er galt als eine der Quellen für Weisheit, Beredsamkeit und Dichtkunst. Ob das daran lag, dass die Griechen schon vor der Weinherstellung den

Met als Rauschgetränk kannten, darüber können wir nur spekulieren. Fest steht, dass auch heute noch viele griechische Süßigkeiten mit Honig zubereitet werden. Eine Auswahl davon finden Sie im Rezeptteil.

Bienen galten als Seelen Verstorbener und wurden oft auf Grabsteinen abgebildet. Außerdem standen sie in Verbindung mit den meisten Gottheiten. Die griechische Fruchtbarkeitsgöttin Artemis trug den Beinamen »Melitta«, die Biene. Das spricht dafür, dass schon damals die Rolle der Bienen als Bestäuberinnen bekannt war. Und Göttervater Zeus soll mit Honig und Ziegenmilch großgezogen worden sein. Das bekam ihm so gut,

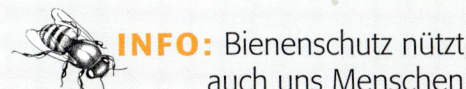

INFO: Bienenschutz nützt auch uns Menschen

Die Griechen achten auch heutzutage noch auf genügend Raum für ihre Bienen. Im Industriezeitalter geht es inzwischen aber auch insbesondere um den Abstand zu Feldern, auf denen gentechnisch veränderte Pflanzen angebaut werden. Dieser muss mindestens fünf Kilometer betragen. Deshalb gibt es in Griechenland keinen Gentechnikanbau. In dieser Hinsicht können die Griechen als Vorbild für ganz Europa dienen.

dass er innerhalb eines Jahres voll ausgewachsen war. Äskulap, Gott der Heilkunst, verwendete Honig als Allround-Medizin. Die Menschen machten es ihm nach. Mit Honigsalben kurierte man eiternde Wunden, Verletzungen und Geschwüre. Hippokrates lehrte, dass Honig Fieber senkt und das Blut kühlt. Bei den Olympischen Spielen tranken erschöpfte Athleten gerne Honigwasser, um schnell wieder zu Kräften zu kommen. Die Gelehrtenschule der Pythagoreer ernährte sich nur von Brot und Honig und wurde auffallend alt dabei. Und Aristoteles gilt als der erste Bienenforscher, der auch ein Buch über seine Erkenntnisse verfasste. In Griechenland gab es so viel Honig, dass er sogar exportiert werden konnte. Hauptabnehmer der exklusiven Exportware waren die Römer.

Die alten Griechen verwendeten als Bienenwohnungen aus Stroh geflochtene Bienenkörbe, die nach unten schmaler wurden. Sie waren oben offen, wurden aber mit Lattenstücken bedeckt, an die die Bienen ihre Waben anbauten. So konnte man die Honigwaben entnehmen, ohne das komplette Wachs herauszunehmen, was jeweils zur Zerstörung eines ganzen Bienennestes geführt hätte. Auf diese Weise hatten die Griechen schon im fünften Jahrhundert vor Christus den sogenannten Mobilbau in die Imkerei eingeführt, der im Jahr 1851 nach Christus von dem amerikanischen Pfarrer Lorenzo Lorraine Langstroth erneut erfunden wurde und den Beginn des modernen Imkerwesens in Amerika und später in Europa darstellt.

Bienensklaven im alten Rom

Mit der Sesshaftwerdung der Römer gab es auch die ersten Imker. Und so, wie die Römer in vielen Bereichen von den Griechen geprägt wurden, hatte auch die griechische Imkerei großen Einfluss auf sie.

Jeder römische Bauernhof hatte wenigstens ein Bienenhaus, die Bienenstöcke wurden oft von Bienensklaven betreut, die aus Griechenland oder Sizilien stammten und spezielle Kenntnisse aus ihren Heimatländern mitbrachten. Es gab auch Berufsimker, die die Imkerei auf den römischen Gutshöfen pachtweise übernahmen.

Römische Imker verwendeten sowohl runde als auch eckige Bienenwohnungen. Die runden wurden aus Weidenruten geflochten und mit Kuhmist verputzt. Außerdem gab es eckige aus Holz, Rinde oder Ton. Die Beuten aus Ton galten als die schlechtesten. Sie waren im Sommer zu heiß und im Winter zu kalt. Die römischen Bienenstöcke hatten einen Deckel und eine Tür, damit man das Bienenvolk von oben und von hinten behandeln konnte. Durch einschiebbare beziehungsweise herausnehmbare Trennwände konnte man die Bienenwohnungen je nach Bedarf verkleinern oder vergrößern. Damit waren die Römer schon ziemlich fortschrittlich; in Grundzügen ist das heute noch so.

Wie schon in Griechenland standen auch in Rom verschiedene Gottheiten in enger Be-

OBEN: Kamille und Honig sind bei Entzündungen eine heilsame Kombination.

ziehung zu den Bienen. Das Bild, dass Amor Pfeile schleudert, damit Menschen zueinander in Liebe entbrennen, ist den meisten bekannt. Aber wussten Sie schon, dass der fürsorgliche Liebesgott vorher die Pfeilspitzen mit Honig bestreicht, damit es nicht so wehtut? Kein Wunder, dass man den Liebsten oder die Liebste im Englischen auch gerne »honey« nennt. Auch der »honeymoon« beziehungsweise »Honigmond« als Begriff für die Flitterwochen bekommt so noch einmal eine ganz besondere Bedeutung. Die römi-

schen Imker erzeugten zwar viel Honig, konnten aber den Eigenbedarf dennoch nicht decken. Das süße Gold wurde also entweder importiert oder von abhängigen Völkern kurzerhand als Tribut eingefordert. Ähnlich wie im alten Griechenland galt Honig auch im Römischen Reich als Götter-, Totenund Seelenspeise. Fast alle Getränke, einschließlich Wein und Wasser, wurden mit Honig vermischt. Aber auch hier war der Imkerhonig eine nur den Wohlhabenden vorbehaltene Delikatesse.

Bienenhaltung bei unseren Vorfahren

Bienenhaltung gab es nicht nur bei den antiken Hochkulturen. Wie literarische Zeugnisse beweisen, haben auch Kelten, Germanen und Slawen sie betrieben, schon bevor sie von den Römern »entdeckt« wurden. Die Bienenhaltung war in Gesetzestexten klar geregelt. Wer beispielsweise Bienen stahl, wurde streng bestraft, schlimmstenfalls kostete es ihn sogar das Leben.

Im Jahr 334 vor Christus berichtete ein Reisender namens Pytheas von Massilia, der unter anderem Britannien und Thule, also vermutlich Skandinavien, bereiste, dass die germanischen Bewohner Honig aufs Brot strichen und aus Getreide Honigmet brauten. Britannien war für die Römer gar »die Insel des Honigs«. Die Hochblüte der britischen Imkerei war im Mittelalter. Über die von

Irland ausgehende Christianisierung bekam ebenfalls die Bienenwirtschaft auf dem europäischen Festland neue Impulse, und die wirtschaftliche Bedeutung des Imkereiwesens stieg. Denn der christliche Kult benötigte immer mehr Kerzen. Deshalb bauten vor allem die Klöster die Bienenhaltung stark aus. Auch war der Verkauf von Met eine sehr wichtige Einnahmequelle. Zeitweise soll es in den Klöstern sogar mehr Met als Wasser gegeben haben.

Darüber hinaus hatten Bienen für die Klöster noch eine mystische Bedeutung. Da man mit der Biologie der Bienen nicht richtig vertraut war, hielt man Bienen für »jungfräulich geboren«. Deshalb wurden sie gerne in Beziehung zur Jungfrau Maria gesetzt.

OBEN: Zeidler durften eine Armbrust tragen, um sich gegen Bären zu verteidigen.

Vom Wald ans Haus: Familienanschluss für Bienen

Zunächst wurden Bienen dort gehalten, wo man sie fand. Bienen siedeln sich in Hohlräumen an, und hohle Baumstämme bieten dafür ideale Bedingungen. Deshalb war die Waldbienenhaltung (Zeidlerei) lange Zeit dominierend.

Die Zeidlerei wurde optimiert, indem man den Bienen gezielt eine Wohnung anbot. Der Zeidler legte dazu künstliche Höhlen in hohen, starken Bäumen an. Mit der Zeidelaxt wurden eine oder mehrere Höhlungen ausgeschlagen – zum Schutz vor Bären möglichst hoch oben. Auf der Rückseite wurde das Ganze mit einem Brett verschlossen, an der Vorderseite mit einem Flugloch versehen. Um einen Bienenschwarm anzulocken, rieb man die so geschaffenen Beuten mit duftenden Kräutern wie Melisse (auch darin steckt übrigens das Wort »Mel«, der Honig) oder mit Honigwasser aus. Die Zeidler wussten, dass Bienen das Brutnest in der Nähe des Flugloch anlegen, den Honig dagegen fluglochfern lagern. Die Honigwaben konnten leicht von der Rückseite aus entnommen werden, nachdem die Bienen mit Rauch durch das Flugloch ausgetrieben worden waren. Geerntet wurde zu Beginn der Baumblüte der Teil des Honigs, den die Bienen im Winter nicht verbraucht hatten.

Weil die Zeidlerei aufwendig war und zum Teil die Bäume erheblich schädigte, wurde sie nach und nach von der Hausbienenhaltung abgelöst. Diese entstand wahrscheinlich zuerst durch umgestürzte Zeidelbäume. Der Zeidler sägte die Bienenwohnungen heraus und stellte sie im Hausbereich auf. Später wurden Beuten gleich in passenden Stammabschnitten eingerichtet, den sogenannten Klotzbeuten. Auch kegelförmige, aus Ruten und Reisig geflochtene Bienenkörbe waren schon zu Beginn des ersten Jahrtausends bekannt. Im weiteren Verlauf kamen aus Strohseilen gewundene Bienenkörbe auf, die in Holzgestellen aufgereiht waren und mit einer Überdachung vor Regen und Sonne geschützt wurden. Die Pflege der Bienen in diesen Beuten umfasste den Schutz vor Witterungseinflüssen, Fressfeinden und Schädlingen. Außerdem war für ein ausreichendes Nahrungsangebot gesorgt, das notfalls durch den Wechsel des Standorts möglich gemacht wurde. Wenn es nichts anderes gab, fütterte

UNTEN: Bienenkörbe wie diese gab es früher vor allem in der Lüneburger Heide.

man die Bienen auch mit Honigwasser. Im Herbst wurden aus den jeweils leichtesten und schwersten Beuten die Bienen durch Rauch vertrieben und der Wabenbau ausgeschnitten.

Bienen waren früher ganz selbstverständlich Familienmitglieder, die auch an den familiären Ereignissen »teilhaben durften«. Bei Hochzeiten wurden die Stöcke in rote Tücher gehüllt, im Todesfall in schwarze.

Ohne Wald keine Lebkuchen

Ihre Blütezeit hatte die Zeidlerei im 14. und 15. Jahrhundert. Ein bedeutender Standort der Zeidlerei war die Region Nürnberg mit dem umgebenden Reichswald, den Karl der Große zu einem Reichsbienenwald mit Vorbildcharakter umwandeln ließ. Auch sonst förderte er die Imkerei. Er ließ auf seinen Krongütern ganz gezielt Musterbienenstände einrichten, wo Imkerei auf wissenschaftlicher Basis betrieben wurde. Der Reichsbienenwald verfolgte einen ähnlichen Zweck. Er sollte den fränkischen Imkern neue und zeitgemäße Methoden der Bienenzucht vermitteln. Auch die späteren Kaiser förderten die Zeidlerei. Kein Wunder: Honig war das einzige bekannte Süßungsmittel und bildete damit die Grundlage für die Nürnberger Lebkuchen (ein Lebkuchenrezept finden Sie auf S. 117 im hinteren Teil des Buches). Das Wachs wurde für Kerzen gebraucht, und Met war lange Zeit außer Wasser das volkstümlichste Getränk. 1350 verlieh Karl IV. den Zeidlern Zollfreiheit, Lehensfreiheit, eine eigene Gerichtsbarkeit sowie jagdliche und forstliche Rechte. Dazu gehörte beispielsweise, dass Zeidler eine Armbrust tragen durften. Wegen der Gefährlichkeit dieser Waffe war das eine echte Ausnahme, die aber für den Fall der Begegnung mit einem Bären auf Honigsuche durchaus ihre Berechtigung hatte. Als Gegenleistung mussten die Zeidler dem Kaiser in Kriegszeiten zur Verfügung stehen.

Aber auch die Bienen selbst wurden manchmal zur Verteidigung genutzt. So schleuderten die Bewohner belagerter Städte den Angreifern Bienenkörbe entgegen oder kippten sie von den Zinnen auf die Gegner hinunter. Alleine die Vorstellung, einige aufgebrachte Bienen in der Rüstung zu haben, dürfte deutlich machen, dass diese »Waffe« recht wirkungsvoll gewesen sein muss.

Für die Rechtsangelegenheiten der Zeidler gab es ein spezielles Zeidelgericht, das bis 1796 bestand und in dem der sogenannte Zeidelmeister Recht sprach. Er unterstand aber dennoch der Aufsicht der kaiserlichen Oberrichter. Auf den Diebstahl von Bienenvölkern stand lange Zeit die Todesstrafe.

Ab dem 16. Jahrhundert ging die Bienenwirtschaft in Deutschland stark zurück. Dafür kommen mehrere Gründe infrage. Die Hauptursache dürfte der Dreißigjährige Krieg gewesen sein, der Landwirtschaft und Imkerei gleichermaßen ruinierte.

OBEN: Ein Bienenvater wie aus dem Bilderbuch: mit Schleier, Imkerpfeife und Bienenkorb

Vom Strohkorb zur Kastenbeute

Nach dem Dreißigjährigen Krieg nahm die Imkerei in Europa einen neuen Anlauf. In dieser Zeit begannen grundlegende Entwicklungen, die schließlich zum sogenannten Mobilbau führten. Unter Mobilbau versteht man die Möglichkeit, die Waben so beweglich zu halten, dass man sie mühelos entnehmen kann.

Von Natur aus bauen Bienen ihre Waben fest an den umgebenden Hohlraum an. Das hat den Nachteil, dass man die Waben ausschneiden und zerstören muss, wenn man den Honig haben möchte. Heutzutage verwendet man in den meisten Bienenwohnungen mobile Rähmchen, in denen die Bienen ihr Wabenwerk anlegen und die zur Völkerkontrolle oder zum Honigschleudern entnommen werden können. Sie wurden, wie die meisten anderen Bestandteile der modernen Imkerei, im 19. Jahrhundert erfunden. Die künstliche Mittelwand aus Wachs wurde erstmals 1858 auf einer Wanderversammlung der deutsch-österreichischen Bienenwirte in Stuttgart vorgestellt und dort begeistert gefeiert. Sieben Jahre später erfand ein Österreicher die Honigschleuder. Damit war der Übergang zur modernen Wirtschaftsweise in der Imkerei vollzogen. Als endgültiger Beginn der modernen Imkerei wird von den meisten Autoren das Jahr 1851 angesehen. Im Herbst dieses Jahres hatte der amerikanische Pastor Lorenzo Langstroth das erste wirklich funktionierende Mobilbauverfahren entwickelt, mit dem eine Magazinbetriebsweise möglich war. Die Besonderheit von Langstroths Erfindung lag in dem Abstand zwischen Wabenrahmen und Innenrand der Beute. Die Bienen bauten wegen des Abstands keine Waben als Überbrückung, sodass die Rahmen wirklich mobil waren.

Die Langstrothsche Entwicklung wurde ab 1861 in den USA allgemein verwendet, gut 30 Jahre später verbreitete sie sich auch in Europa. Zwischen 1850 und 1914 war die Imkerei in Deutschland auf ihrem Höhepunkt angekommen. 1914 waren etwa 158.000 Imker im Deutschen Imkerbund organisiert. Heute sind es noch 88.500, obwohl die Bevölkerungszahl im letzten Jahrhundert um ein Viertel gestiegen ist.

Nach dem Ersten Weltkrieg verlangten Frankreich und Belgien 75.000 Bienenvölker von deutschen Imkern als Reparationsleistungen. Da die Zahl der Völker schon zuvor kriegsbedingt gesunken war – viele Imker waren im Krieg, die meisten Bienenstöcke zerstört oder vernachlässigt und die Preise für Zucker und Ausrüstung immens gestiegen –, war die Imkerei in Deutschland damit praktisch zum Erliegen gekommen. Im Jahr 1933 wurde dann ein Neuanfang der deutschen Bienenzucht gewagt. Wie die Landwirte wurde auch die deutsche Imkerschaft neu organisiert. Bienenkunde wurde zu einem wissenschaftlichen Lehrfach an Akademien und Universitäten.

Zauberwelt
im Bienenstock

»Der Bienenstaat gleicht einem Zauberbrunnen. Je mehr man daraus schöpft, desto reicher fließt er«, stellte der berühmte Bienenforscher Karl von Frisch fest. Ob nun Zauberbrunnen oder Zauberwelt – wer darin eintaucht, ist unweigerlich fasziniert von den Bienen und möchte immer mehr über sie erfahren.

Wissenswertes  über die Bienen

Ein Bienenvolk besteht je nach Jahreszeit aus etwa 8.000 bis 40.000 Tieren. Im Winter ist das Volk am kleinsten, weil es von den gesammelten Vorräten leben muss und es nur darauf ankommt, dass genügend Bienen für die nächste Saison überleben. Wer schon einmal die Gelegenheit hatte, in einen Bienenstock hineinzusehen beziehungsweise eine Wabe zu betrachten, die voll mit Bienen besetzt ist, kommt nicht umhin, dieses ausgesprochen zielstrebig wirkende Gewusel zu bewundern. Und der Eindruck täuscht nicht. Jede Biene kennt genau ihren Platz und ihre Aufgabe. Diese Aufgaben wechseln im Lauf ihres Lebens.

Lassen Sie uns da beginnen, wo alles seinen Anfang nimmt – mit der Eiablage durch die

Königin. Eine Bienenkönigin legt im Sommer täglich 1.000 bis 2.000 Eier beziehungsweise Stifte, wie der Imker die winzigen, langen und schmalen Gebilde nennt. Diese enorme Legeleistung wird noch deutlicher, wenn man sich bewusst macht, dass das mindestens ihrem eigenen Körpergewicht entspricht – und dass sie etwa ein bis zwei Eier pro Minute legt. Jedes Ei kommt in eine einzelne Zelle, die zuvor von einer Arbeiterin gründlich gereinigt wurde. Die Königin kann bei der Eiablage kontrollieren, ob sie befruchtete oder unbefruchtete Eier legt. Welches Ei in welche Zelle kommt, hängt von der Größe der Zelle ab, die sie mit ihren Beinen abtastet. Zukünftige Arbeiterinnen kommen in die kleinsten Zellen, Drohnen (männliche Bienen) in etwas größere, und in die größten, erst runden, später abwärts hängenden und becherförmigen Zellen kommen die Eier, aus denen dann die jungen Königinnen heranwachsen. Aus den befruchteten Eiern schlüpfen die weiblichen Bienen – Arbeiterinnen oder auch eine zukünftige Königin –, aus den unbefruchteten die Drohnen. Nach der Eiablage dauert es drei Tage, bis eine winzige Larve die Eihülle verlässt. Wenn die Larve sich nach weiteren sechs Tagen zu verpuppen beginnt, wird die Zelle von den Arbeiterinnen mit einem luftdurchlässigen Wachsdeckel verschlossen, damit die Larve ungestört ihre Metamorphose zum fertigen Insekt vollziehen kann. Schon im Larvenstadium trennen sich die Wege für Drohne, Arbeiterin und Königin. Zwar durchlaufen sie alle dieselben Stadien, aber sie brauchen unterschiedlich

OBEN: In den länglichen, nach unten hängenden Weiselzellen wachsen Jungköniginnen heran.

lang dazu. Eine Drohnenlarve ist 24 Tage nach der Eiablage erwachsen, eine Arbeiterin benötigt 21 Tage, und die Königin ist am schnellsten: Sie ist nach nur 16 Tagen fertig zum Schlupf. Warum gerade sie, die viel größer ist als alle anderen und beim Eierlegen Höchstleistungen vollbringt, die kürzeste Entwicklungszeit hat, ist bis heute ein Rätsel.

Faul, gefräßig und unverzichtbar: die Bienenmänner

Drohnen sind selbst für Laien recht schnell zu erkennen. Sie sind größer als Arbeiterinnen und ziemlich pummelig. Auch ihre riesigen Augen machen die Identifizierung leicht. Wenn man eine Drohne entdeckt hat, kann man sie völlig furchtfrei in die Hand nehmen. Die Bienenmänner haben nämlich keinen Stachel und auch keine Giftblase.

Der Begriff »Drohne« ist im Deutschen nicht unbedingt positiv besetzt. Als Drohne werden arbeitsscheue Menschen bezeichnet, die sich gerne von anderen aushalten lassen. Und ganz so unbegründet ist das nicht, wenn man das Leben der männlichen Bie-

UNTEN: Eine junge Biene beim Schlüpfen – jetzt kann es bald losgehen mit der Arbeit!

nen einmal betrachtet. Sie sammeln weder Nektar noch Pollen, erledigen auch keine der im Stock üblichen Arbeiten – obwohl neuere Forschungen zeigen, dass sie sich im Notfall am Wärmen der Brut beteiligen –, sondern sie leben von dem, was ihre Halbschwestern in fleißiger Flügel- und Beinarbeit – und mit körpereigenen Enzymen – produziert haben. Sie lungern sozusagen den ganzen Tag faul herum oder unternehmen ab und zu einen kleinen Orientierungsflug. Nach der Geschlechtsreife (etwa eine bis zwei Wochen nach dem Schlüpfen) sind sie dann draußen auf Achse und machen die Gegend unsicher. Dabei haben sie nur das eine im Sinn: Sie wollen eine Königin. Da die Bienenmänner in dieser Hinsicht alle gleich sind, gibt es dafür regelrechte Drohnensammelplätze. Dort haben die Herren die besten Chancen, zum Zug zu kommen, denn auch die Jungköniginnen kennen diese Stellen oder findet sie möglicherweise anhand der geballten Ladung männlichen Dufts. Welche Orte das sind und warum sie aus Sicht der Bienen besonders gut für die Paarung in luftiger Höhe, den Hochzeitsflug, geeignet sind, ist eines der bis heute unbegreiflichen Rätsel des Bienenvolks. Fest steht nur, dass alle Drohnen der Bienenvölker in großem Umkreis diesen Ort gleichzeitig aufsuchen. Und das, obwohl keine Drohne den Ort kennt. Auch die Königin hat mit hoher Wahrscheinlichkeit diese Versammlungsstätte nie zuvor gesehen. Etwa eine Woche nach dem Schlüpfen fliegt sie mehrfach aus und lässt sich an den Drohnensammelplätzen von mehreren Drohnen begatten. Der Samen, den sie dabei auf- nimmt, reicht für ihr ganzes restliches Leben. Die Orte, an denen sich die Bienen versam- meln, können wechseln. Manchmal sind sie aber auch jahrzehntelang dieselben.

Anders als so manchem faulen Menschen kann man den Drohnen keinen Vorwurf ma- chen. Sie tun genau das, was sie können und wofür sie bestimmt sind. Körperlich sind sie überhaupt nicht in der Lage, Nektar aus Blüten aufzunehmen oder diesen gar in Ho- nig umzuwandeln. Sie sind darauf angewie-

sen, fertigen Honig zu bekommen. Dafür geben sie ihr eigenes Leben, um den Fortbe- stand des Bienenvolks zu sichern: Bei der Paarung mit der Bienenkönigin reißt ihr Ge- schlechtsapparat ab, und sie sterben. Wer das Pech hatte, keine Königin abzubekom- men – und das sind die meisten –, überlebt den Sommer aber auch nicht. Bei der soge- nannten Drohnenschlacht, die etwa um Mitt- sommer herum stattfindet, verweigern die Arbeiterinnen den überflüssig gewordenen Fressern das Futter, werfen sie aus dem Stock oder lassen sie nach einem Ausflug

UNTEN: Die drei Bienenwesen Arbeiterin (links), Drohne (Mitte) und Königin (rechts) lassen sich gut unterscheiden – auch wenn man sie nicht farbig markiert wie hier im Bild.

OBEN: Verschiedene Entwicklungsstadien mit Eiern und Larven sowie verdeckelte Brutzellen

nicht mehr hinein, sodass sie draußen verhungern. Wem das grausam erscheint, der sollte sich bewusst machen, dass es in der Natur auf das Überleben des Ganzen, nicht des Individuums ankommt. Und dass auch eine Arbeiterin im Sommer ein ausgesprochen kurzes Leben hat – sie wird nur wenige Wochen alt.

Weil ihre einzige oder zumindest ihre Hauptaufgabe die Begattung ist, gibt es Drohnen nur in der Vermehrungsphase des Bienenvolks, der sogenannten Schwarmzeit. Diese ist hauptsächlich im Mai und Juni. Etwa von April an kann man die größeren Drohnenbrutzellen leicht erkennen.

Putzen, heizen, bauen – und ab in die Sonne

Das mit Abstand abwechslungsreichste Leben in einem Bienenvolk führen die Arbeiterinnen, und sie sind auch zahlenmäßig die größte Gruppe. Ihre Eierstöcke sind unterentwickelt, sie sind steril. Das Eierlegen überlassen sie ausschließlich der Königin.

Eine Arbeiterin verbringt drei Tage ihres Entwicklungsstadiums als Ei, sechs Tage als Larve und zwölf Tage als Puppe. Danach zerbeißt sie den luftdurchlässigen Wachsdeckel über ihrer Zelle und verlässt ihr Kinderzimmer für immer. Auf sie wartet schon jede

Menge Arbeit. Diese ist genau an ihre körperliche Entwicklung angepasst. Während der Zeit ihres Innendienstes nennt man eine Arbeiterin auch Stockbiene; danach wird sie als Flug- oder Sammelbiene bezeichnet. Eine Arbeiterin, die die Bienenwohnung für verschiedene Sammeltätigkeiten verlässt, tritt damit in die letzte, anstrengendste und zugleich wohl schönste Phase ihres Lebens ein.

Putz- und Heizbienen

Die ersten zwei bis drei Tage nach dem Schlüpfen ist eine Arbeitsbiene mit Putzen beschäftigt. Sie reinigt Zellwände und -böden, indem sie die Zellen mit einem desinfizierenden Belag aus dem Sekret der sogenannten Mandibeldrüsen, die sich im Oberkiefer befinden, auskleidet. Zwischendurch hilft sie beim Wärmen der Brut. Die Königin beginnt normalerweise schon im Februar mit der Eiablage, wenn es draußen noch sehr kalt sein kann, aber sich schon die ersten Blüten zeigen. Der Nachwuchs braucht es unabhängig vom Wetter warm: zwischen 34 und 36 Grad Celsius. Die Temperatur hat übrigens auch Einfluss auf die Entwicklung der Larven. Bienen, die am unteren Ende dieses Temperaturbereichs heranwachsen, sind offenbar vitaler, die wärmer gehaltenen dafür intelligenter. Es ist eine enorme Leistung, das Brutnest so viel wärmer zu halten als die Außentemperatur. Um heizen zu können, brauchen die Bienen weder Öl noch Gas oder Kohlen. Aber jede Menge Honig.

Die Bienen, die die Brut wärmen, werden auch als Heizbienen bezeichnet. Diese sechsbeinige Heizung ist nicht nur für den Nachwuchs extrem wichtig, sondern auch für das Überleben des Volkes im Winter (mehr dazu im Abschnitt »Eisige Zeiten« auf S. 44). Sie erzeugen Wärme, indem sie ihre Flügel quasi auskoppeln und dennoch die Flugmuskulatur bewegen. Durch dieses Zittern der Flugmuskeln erhöht sich die Brusttemperatur einer Heizbiene auf bis zu 43 Grad Celsius. Die heizende Biene steckt entweder kopfüber in einer Zelle oder presst ihre warme Brust auf den Deckel einer Brutzelle.

Man kann sich leicht vorstellen, dass das für die Bienen extrem kräftezehrend ist. Nach maximal einer halben Stunde sind alle Reserven erschöpft. Um diese erstaunliche Leistung überhaupt vollbringen zu können, benötigen die Bienen Honig. Damit die Heizbienen ihre Tätigkeit nur möglichst kurz unterbrechen müssen, werden leere Zellen im Brutnestbereich als Speisekammern genutzt, aus denen sich die Heizerinnen rasch etwas holen können, wenn mehr als nur der kleine Hunger kommt. Der Bienenprofessor Jürgen Tautz beschreibt aber auch Bienen, die als »Tankwagen« unterwegs sind. Sie füttern ihre erschöpften Schwestern mit Honig, damit diese sich rasch wieder erholen.

Ammenbienen

Ab dem vierten Tag nach dem Schlüpfen sind die jungen Arbeiterinnen für das Füttern

OBEN: Pollen ist eine wichtige Eiweißquelle, mit der vor allem die Brut gefüttert wird.

ihrer kleinen Brüder und Schwestern zuständig. Sie füttern zunächst ältere Maden mit einem Gemisch aus Honig und Pollen. Ihre eigenen Futtersaftdrüsen beginnen sich nach und nach weiter auszubilden, sodass sie etwas später auch die jüngeren Larven mit einem Gemisch aus dem in diesen Drüsen produzierten Futtersaft, Honig und Pollen füttern können. Larven, aus denen eine Königin werden soll, werden ausschließlich mit diesem Futtersaft ernährt, der als Gelée royale bekannt ist. Zur Bildung des Futtersaftes verzehrt eine Ammenbiene viel Blütenstaub beziehungsweise Pollen.

Bau- oder Wachsbienen

So wie wir Menschen meist erst im fortgeschrittenen Alter mit dem Bauen beginnen, sind auch die Arbeiterinnen mindestens zwölf Tage alt, bevor sie mit dem Wabenbau anfangen. Das liegt allerdings nicht an den fehlenden Ersparnissen, sondern daran, dass vor diesem Alter die Wachsdrüsen noch nicht funktionsfähig sind. Bienen sind nämlich Architekten, Bauarbeiter, Baustoffhersteller und natürlich Bauherren in einem. Sie machen alles von Grund auf selbst und sichern so die nötige Qualität. Das Wachs schwitzen sie in Schüppchen aus (siehe »Bienenprodukte und wie sie entstehen«, S. 52).

Wächterbienen

In einem Bienenstock sind viele Schätze gelagert. Honig, Blütenpollen und natürlich auch die Brut, die als fette Larve durchaus den einen oder anderen Feind anlockt. Die Bienen haben also gute Gründe, Wächterinnen aufzustellen. Die ganz jungen Dinger sind dafür nicht geeignet, denn ihre Giftblase am Stachel ist noch nicht genügend gefüllt. Erst ab ihrem etwa 18. Lebenstag übernehmen einige Bienen die Wache am Flugloch. Ihre Futtersaft- und Wachsdrüsen sind inzwischen degeneriert; sie werden sie unter normalen Umständen nicht mehr benötigen. Als Wächterinnen sitzen sie aufmerksam vor dem Eingang zum Bienenstock, drehen ab und zu eine Kontrollrunde im engen Umkreis und kehren danach sofort wieder zurück. Jeden Ankömmling untersuchen sie mit ihren Fühlern, um festzustellen, ob er auch den typischen Stockduft aufweist. Wer anders riecht, wird mit aller Macht und auch unter Einsatz des Stachels davon abgehalten, den Stock zu betreten. Wenn es sich dabei um Feinde aus dem Insektenreich handelt, überleben die Wächterinnen den Stich. Bei Säugetieren dagegen bezahlen sie ihren Mut mit dem Leben, weil ihr mit Widerhaken bestückter Stachel in deren Haut hängen bleibt und den Hinterleib abreißt.

Flug- oder Sammelbienen

Erst mit einem Alter von etwa drei Wochen (abhängig von der Witterung) wandeln sich die Arbeiterinnen zu Flugbienen. Das heißt aber nicht, dass sie jetzt erstmals die Sonne sehen. Sie haben schon vorher hin und wieder die Wohnung verlassen, um ihre Kotbla-

se zu entleeren und die Umgebung kennen-
zulernen. Denn sie müssen schließlich zum
heimischen Stock zurückfinden. Das ist keine
kleine Leistung. Bienen fliegen ohne Weiteres Distanzen von drei Kilometern, und wenn
ihre Suche nicht erfolgreich ist, können sie
auch zehn Kilometer locker unter die Flügel
nehmen. Damit sie nach einem langen Rück-
weg auch sicher sein können, die richtige
Wohnung gefunden zu haben – meistens
stehen ja mehrere Beuten nebeneinander –,
verlassen sie ihre Wohnung beim ersten Mal
im Rückwärtsgang oder genauer gesagt im
Rückwärtsflug. So prägen sie sich ihren Bienenstock exakt ein.

Wie gut ihnen das gelingt, kann man erleben,
wenn beispielsweise bei einer Imkereifüh-
rung mehrere Menschen vor den Bienenstöcken herumstehen. Sie verändern das Bild,
das sich die Biene beim Abflug eingeprägt
hat, ganz gewaltig. Was nun? Die Biene weiß
zwar, dass sie am richtigen Ort angekommen
ist, erkennt aber den heimatlichen Stock
nicht wieder. Das kann dann dazu führen,
dass die neugierigen Besucher auf einmal
von vielen hundert Bienen umschwirrt werden, die ihr Flugloch suchen. Obwohl sie
schwer beladen einen weiten Weg zurückge-
legt haben, warten die Bienen einfach so
lange, bis die Landebahn frei und der Weg
klar ist. Sobald die Besucher einen Schritt zur
Seite getreten sind, können sie beobachten,
wie die Bienen ihre Warteschleife beenden
und in einem breiten Strom nach Hause zu-
rückkehren.

Den Nektar transportiert die Biene in ihrer
Honigblase. Neben Nektar sammeln die
Flugbienen auch Pollen. Den streifen sie an
den Hinterbeinen zu sogenannten Pollenhöschen zusammen. Meist sind Flugbienen
entweder auf das Sammeln von Nektar oder
von Pollen spezialisiert, nur etwa fünf Prozent
sammeln beides. Trotzdem bestäubt jede
Biene Blüten, da in ihrem Haarkleid Pollen
hängen bleibt, der so zum Stempel der
nächsten Blüte transportiert wird.

Der Blütenpollen liefert den Bienen das le-
bensnotwendige Eiweiß, der Honig ist unter
anderem als Kohlenhydratspender wichtig
und wird meist für die Energieerzeugung,
also zum Heizen, genutzt. Der Energiever-
brauch ist übrigens wegen der Brut erstaunli-
cherweise im Sommer höher als im Winter.

Um Temperatur und Feuchte im Bienenstock
zu regeln und die Brut zu versorgen, holen
die Flugbienen auch Wasser. Außerdem sam-
meln sie Knospenharz zur Herstellung von
Propolis. Propolis dient zum Abdichten des
Bienenstocks gegen Zugluft und hält auch
Krankheitserreger fern beziehungsweise in
Schach.

Im Notfall flexibel

Wenn es nötig ist, kann eine Biene jeden
Alters fast jede Aufgabe flexibel ausführen,
da sie in der Lage ist, Drüsen zu reaktivieren.
Das Faszinierendste ist jedoch, dass sich jede

OBEN: Goldener Honig in den Wabenzellen: Erst wenn er reif ist, werden sie verdeckelt.

Biene selbstständig auf ausgedehnten Inspektionsgängen darüber informiert, welche Aufgaben gerade erledigt werden müssen. Müssen Wärme oder Feuchtigkeit reguliert werden? Brauchen die Sammelbienen jemanden, der ihnen den frisch eingebrachten Pollen abnimmt? Muss Nektar ein- oder umgelagert werden? Gibt es Pollen zum Einstampfen? Ist alles sauber oder muss geputzt werden? Bienen brauchen keinen königlichen Befehl und kein Superhirn, um das festzustellen. Und wenn es ihre körperliche Entwicklung zulässt, schreiten sie auch gleich zur Tat. Das ist Teamarbeit vom Feinsten. Und es zeigt, dass die Arbeiterinnen im Bienenvolk nicht nur Pollenhöschen, sondern

auch die Hosen anhaben. Sie bestimmen nämlich durch den Bau unterschiedlicher Zellen, wie viele und welche Eier gelegt werden oder wann es Zeit ist zum Schwärmen.

So jung wie möglich, so alt wie nötig

Die Lebenserwartung einer Arbeiterin beträgt im Sommer je nach Arbeitsbelastung etwa sechs Wochen. Im Herbst produziert das Volk die sogenannten Winterbienen, die mehrere Monate lang den Winter überdauern. Die Bienen, die überwintert haben, kümmern sich im nächsten Frühjahr um die Brutpflege und alle anderen anfallenden Arbeiten, bis der frisch geschlüpfte Nachwuchs so weit ist. Dann sterben auch die Winterbienen oder die »alten Tanten«, wie sie vom Imker liebevoll betitelt werden.

Für diese ungewöhnlich lange Lebensdauer bringen die Winterbienen bessere Voraussetzungen mit als ihre im Frühjahr geschlüpften Schwestern. Weil es keine oder kaum Brut gibt, wenn sie ihre Zellen verlassen, müssen sie entweder gar nicht oder nur kurz als Ammenbienen tätig sein. Die Eiweiße und Fette, die sie aufnehmen, können sie im Fettkörper speichern. Das ist ein Gewebebereich im Hinterleib. So können sie bis zu neun Monate überleben und sind damit – von der Königin einmal abgesehen – die »weiblichen Methusalems« im Bienenvolk.

Wie royal ist die Königin?

Eine Bienenkönigin hat unbestreitbar royale Merkmale. Sie ist größer und stattlicher als eine Arbeiterin, wozu vor allem ihr auffallend langer Hinterleib beiträgt. Sie lässt sich von ihrem Hofstaat von vorn bis hinten bedie-

OBEN: Eine Königin inmitten ihres Hofstaats: deutlich erkennbar ist ihr langer Hinterleib.

nen, sie wird gefüttert und geputzt, und noch nicht einmal um ihre Verdauungsprodukte muss sie sich selbst kümmern. Das erledigen ihre Hofdamen für sie. Auf diese ist sie allerdings angewiesen, denn ohne ihr Volk kann sie nicht überleben. Als Kind, sprich als Ei und Larve, hat sie ein Zuhause, das sich von dem des gemeinen Volkes deutlich unterscheidet: Die Weiselzelle, manchmal auch »Weiselwiege« genannt, hängt nach unten, ist zunächst kugel-, dann becherförmig und viel größer als die anderen Zellen und wird mit dem Wachstum der künftigen Königin ständig vergrößert. Die Königin, die als Erste schlüpft – denn in einem gesunden Volk wachsen mehrere Jungköniginnen heran –, hat das Rennen um die Thronfolge gewonnen. Das Stockleben steuert sie mit Pheromonen; das sind verschiedene Stoffe, mit denen beispielsweise der Stock mit dem typischen Stockduft gekennzeichnet wird, der die Bienen Freund und Feind unterscheiden lässt. Außerdem unterdrückt sie so den Fortpflanzungswillen der Arbeiterinnen, die ohnehin nur unterentwickelte Eierstöcke haben.

Die Königin hat keinen eigenen Palast, sie wohnt wie alle anderen im Bienenstock, den sie fast nie verlässt. Eine Ausnahme macht sie, wenn sie zur Hochzeit ausfliegt, und im Frühling, wenn Schwarmzeit ist und die alte Königin mit einem großen Teil des Volkes das bisherige Zuhause verlässt, um es ebenso wie den Rest des Volkes einer später schlüpfenden Jungkönigin zu überlassen. Eine richtige Abdankung als Königin ist das

allerdings nicht. Zusammen mit ihrem Volk sucht sie lediglich eine neue Wohnung. Wenn sie diese bezogen hat, ist sie immer noch Königin. So lange, bis sie stirbt. Normalerweise ist das im Alter von etwa vier bis fünf Jahren der Fall. Verglichen mit der Lebensdauer einer normalen Biene, die im Sommer wenige Wochen und im Winter mehrere Monate beträgt, schlägt die Bienenkönigin sogar Queen Mum um Längen.

Obwohl die Königin sich also in vielem von ihrem Volk unterscheidet, ist sie doch nicht ganz so blaublütig wie eine Menschenkönigin. Sie hat nämlich dieselbe Mutter wie all die Arbeiterinnen und Drohnen, die etwa gleichzeitig mit ihr geboren wurden. Dass sie zur Königin wird, liegt an ihrer besonderen Zelle und am Futter, das ihr die Ammenbienen, ihre etwas älteren Schwestern, verabreichen. Sie bekommt zeit ihres Lebens Gelée royale. Innerhalb der ersten vier Larventage entscheidet dieses besondere Futter darüber, dass sie sich zu einer Königin und nicht zu einer Arbeiterin entwickelt. Vom Tag des Schlüpfens an hat sie ihr Ziel fest im Auge: den Fortbestand des Volkes zu gewährleisten. Auf ihrem Hochzeitsflug werden gleich mehrere Drohnen zum Zug kommen, was diese mit dem Leben bezahlen. Die Königin jedoch sammelt auf diese Weise genügend Sperma, dass es ihr bis zum Rest ihres Lebens reicht. Von nun an besteht ihre wichtigste Aufgabe im Legen befruchteter und unbefruchteter Eier. Daraus entwickelt sich ihr künftiges Volk aus eigenen Kindern.

Platz da – wir wollen schwärmen!

Wenn ein Bienenvolk zu groß geworden ist, um noch im heimischen Stock Platz zu finden, kommt es in Schwarmstimmung. Je nach Trachtverhältnissen und Wetterlage ist das im Mai oder Juni der Fall. Der Schwarmtrieb des Bienenvolks ist der natürliche Prozess zur Vermehrung. Die Arbeiterinnen haben daran einen gewichtigen Anteil. Wenn sie merken, dass es zu eng wird, üben sie

dezenten Druck auf ihre königliche Mutter aus: Ihr wird weniger Nahrung zu Verfügung gestellt. Außerdem gibt es weniger geputzte und freie Zellen für die normale Eiablage. Gleichzeitig bauen die Arbeiterinnen einige größere Zellen und drängen die Königin dort hin, damit sie in diese Weiselzellen Eier legt, aus denen dann Jungköniginnen werden. Kurz bevor die erste Jungkönigin schlüpft, verlässt die alte Königin ihre bisherige Wohnung und nimmt einen großen Teil des Volkes mit. Zunächst sammelt sich die Schwarmtraube ganz in der Nähe, beispielsweise an einem Ast. Dann ziehen einige Spurbienen aus, um sich nach einer neuen Behausung umzusehen. Der Entscheidungsprozess, welche Wohnung die beste ist, ist übrigens von Grund auf demokratisch. Durchschnittlich werden zehn verschiedene Wohnungen in einem Areal von bis zu 70 Quadratkilometern ausgetestet. Die zurückkehrenden Spurbienen vollführen auf der Schwarmtraube einen Tanz, der ihre Schwestern dazu animiert, sich die gefundenen Wohnungen ebenfalls anzuschauen. Die Richtung, in der sich diese Wohnung befindet, erfahren die anderen Bienen aus der Art des Tanzes. Die Wohnung, die die meisten Mittänzerinnen findet, wird schließlich genommen. Wenn sich etwa 30 Bienen einig sind, beginnt der Umzug, der durch hohe Pfeiftöne eingeleitet wird. Die Spurbienen führen ihr Volk an den neuen Wohnort.

Wer einmal die Bienen beim Schwärmen beobachtet und belauscht hat und so die Geburt eines Volkes hautnah miterleben durfte, wird dieses einmalige Erlebnis nie wieder vergessen. Immer mehr Bienen verlassen den Stock, ein gewaltiges Brausen erfüllt die Luft. Die Bienen verdichten sich zu einer Schwarmwolke, die sich als dunkles Gebilde am Himmel abzeichnet, und lassen sich schließlich mit der Königin in ihrer Mitte nieder. Auch wenn in diesem Moment viele

OBEN: Zur Schwarmzeit verlässt die alte Königin mit einem Teil ihres Volkes den Stock.

tausend Bienen im Freien versammelt sind, braucht man keine Angst vor ihnen zu haben. Schwarmbienen sind sehr friedlich und stechen in der Regel nicht. Das liegt zum einen daran, dass sie gerade etwas anderes im Kopf haben – immerhin geht es darum, gemeinsam mit der königlichen Mutter eine neue Wohnung zu suchen und von Grund auf neu anzufangen –, zum anderen an den vollen Honigmägen. Bevor sie ausziehen, schlagen sich die Bienen den Bauch noch einmal richtig voll, weil sie während des Umzugs und der Einrichtung der neuen Wohnung mit frischen Waben nicht viel Zeit zum Sammeln haben.

In der Schwarmzeit aktivieren zahlreiche Bienen ihre Wachsdrüsen. Wenn dann ein Bienenschwarm ausgezogen ist und frisch eingeschlagen, das heißt in die neue Beute umgesiedelt worden ist, können die Bienen bei guten Trachtverhältnissen gleich mit dem Bauen anfangen. Sie brauchen nicht nur genügend Zellen, um Nektar und Pollen einzulagern, sondern auch frische »Kinderzimmer«, in die die Königin ihre Eier legen kann. Jetzt können die Bienen richtig zeigen, was alles in ihnen steckt.

Körpersprache vom Feinsten: die Bienentänze

Tanz ist nicht nur Bewegung, sondern immer auch Kommunikation. Auf die Bienen trifft das in ganz besonderem Maße zu. Sie informieren einander in bestimmten Tänzen darüber, wo es eine gute Quelle von Nektar und Pollen gibt oder – in der Schwarmzeit – dass sie eine neue Wohnung gefunden haben und wo diese liegt. Die eleganteste Form der Sprache, die man sich vorstellen kann!

UNTEN: Ein Bienenschwarm hat sich an einem Ast gesammelt. So kann man ihn gut einfangen.

Rundtanz

Ist die Futterquelle weniger als 100 Meter vom Stock entfernt, tanzt die Kundschafterin einen Rundtanz. Wo sich die Futterquelle genau befindet, verrät die Biene dabei nicht, denn bei einer vergleichsweise kurzen Distanz finden die Sammlerinnen sie auch so. Die Tänzerin verrät aber ihren Schwestern, wie sehr sich der Ausflug lohnt. Je länger und intensiver sie tanzt, desto besser und ergiebiger ist die Futterquelle. Zwischendurch gibt sie den anderen Bienen auch noch eine Kostprobe des gefundenen Nektars. Wen wundert's, dass diese ihr scharenweise folgen?

Schwänzeltanz

Ist die Futterquelle weit vom Stock entfernt, tanzt die Biene den sogenannten Schwänzeltanz. Er sieht etwa aus wie eine breite Acht. Je länger die Mittellinie, sozusagen die Taille der Acht ist, auf der sie schwänzelt, desto größer ist die Entfernung. Auch über die Qualität der zu erwartenden Futterquelle gibt der Tanz Auskunft. Wenn sie besonders gut ist, hat es die Biene eilig und tanzt schnell. Die Richtung, in die die Biene tanzt, zeigt ihren Schwestern an, wo sich die Futterquelle befindet. Wenn sie auf einem waagrechten Untergrund tanzt, schwänzelt sie einfach in die Richtung, in der die Nahrung zu finden ist. Meistens tanzt sie jedoch auf den senkrecht nach unten hängenden Waben. Dann schwänzelt sie in demselben Winkel zur

Senkrechten, der vom Bienenstock aus zwischen Sonne und Futterquelle liegt. Dabei entspricht die Spitze der Senkrechten dem Stand der Sonne. Liegt sie rechts von der Mittellinie, steht auch die Sonne rechts von der Futterquelle. Dass die Sonne wandert, ist für eine Biene kein Problem, denn sie hat ein gutes Zeitgedächtnis. So kann sie den wechselnden Sonnenstand sogar im dunklen Bienenstock berücksichtigen und die anderen Bienen wissen genau, in welchem Winkel zur Sonne sie fliegen müssen, um reiche Tracht zu finden.

Die Bienentänze wurden schon von Aristoteles beschrieben. Ihre genaue Funktion entschlüsselte aber erst der deutsche Bienenforscher Karl von Frisch, der dafür 1973 den Nobelpreis erhielt.

Da die Tanzsprache eine der wesentlichen Kommunikationsformen des Bienenvolks ist und nicht nur über das Auge, sondern im »stockdunklen« Bienenstock auch über den Tastsinn und das Gehör aufgenommen wird, ist es wichtig, dass die Wabe möglichst frei schwingen kann und so einen guten Resonanzboden abgibt. Naturwabenbau – ohne Mittelwände – bietet dafür die besten Voraussetzungen.

Prima Klima im Bienenstock

Bienen sind nicht nur Architekten, Baustoffhersteller und Handwerker in Personalunion, sie sorgen auch für das richtige Klima im Bienenstock. Und sie können – wie ein hoch-modernes Messgerät – das Klima selbst ermitteln. Eine wirklich erstaunliche Leistung, wenn man sich die extremen Temperatur-unterschiede zwischen Winter und Sommer vor Augen hält. Bienen schaffen es, die Temperatur im Brutnestbereich auf ein Zehntel-grad genau zu regulieren. Das ist dort beson-ders wichtig, weil die Entwicklung der jungen Bienen entscheidend von der Temperatur abhängt.

Wenn es im Sommer zu heiß wird, müssen die Bienen ihre Behausung kühlen. Denn bei einer Überhitzung des Stocks ist zum einen die Brut gefährdet: Das Brutnest muss bei ei-ner konstanten Temperatur zwischen 35 und 36 Grad Celsius gehalten werden, wenn der Nachwuchs gedeihen soll. Zum anderen droht auch das Wachs, im dem die Brut lebt und Nahrungsvorräte gelagert werden, zu weich zu werden oder gar zu schmelzen. Um den Stock zu kühlen, fächeln die Bienen mit ihren Flügeln Luft. Verstärkt wird dieser Effekt durch in den Bienenstock eingebrachtes Wasser, dessen Verdunstungskälte genutzt wird. Das Wasser wird dazu ganz dünn auf den Wänden der Wabenzellen verteilt. Die Bienen erzeugen durch Flügelfächeln einen Luftstrom, durch den das Wasser verdunstet und so den Stock kühlt. Die Sammelbienen können übrigens erkennen, wie viel Wasser gebraucht wird. Wenn es ihnen am Stock-eingang besonders schnell abgenommen wird, heißt das für sie: »Flieg noch mal los und hol mehr!«

Eisige Zeiten – ohne Toilette

Der Winter stellt für Bienen eine besondere Herausforderung dar. Auch hier ist die Zu-sammenarbeit des ganzen Volks gefragt, um das Überleben bei oft eisigen Außentempe-raturen zu sichern. Die Bienen kuscheln sich in der sogenannten Wintertraube eng anein-ander. Die Temperatur im Randbereich der »Kuschelgruppe« sinkt dank der dort sitzen-den Heizbienen nicht unter eine Temperatur von zehn Grad Celsius ab. Das ist wichtig, weil Bienen unterhalb dieser Temperatur be-wegungsunfähig sind.

Im Kern der Traube halten die Bienen eine Temperatur von 20 bis 25 Grad Celsius. Da-zu wechseln sich die Bienen am Rand und im Inneren der Traube ständig ab. Lediglich die Königin bleibt immer im Inneren. Und selbstverständlich das Brutnest, das je nach Witterung ab Februar angelegt wird.

Wenn es zu kalt zum Fliegen ist, haben Bie-nen aber auch keine Möglichkeit, zur Toilette zu gehen. Diese ist bei Bienen aus Gründen der Hygiene grundsätzlich eine Außentoilet-te, sprich, die Bienen entleeren ihre Kotblase nicht im Stockinneren, sondern im Flug. An wärmeren Wintertagen kann man das sehr schön sehen, wenn auf einmal der Schnee am Boden vor den Bienenstöcken gelb ge-sprenkelt ist. Dann haben die Bienen einen Reinigungsflug unternommen. Da Bienen da-rauf konditioniert sind, sich nur über hellen Flächen zu entleeren – das ist die sicherste

OBEN: Sobald die ersten Bäume Blätter bekommen, beginnt die neue Bienensaison.

Methode, um eine Verunreinigung des dunklen Stocks zu verhindern –, sollte man möglichst keine weiße Wäsche in der Nähe von Bienenwohnungen aufhängen. Es sei denn, man möchte sie noch einmal waschen oder den Flecken mit der Schere zu Leibe rücken. Das ist besonders wichtig zu wissen, wenn man Bienen in dicht besiedelten Wohngegenden hält. Denn die Nachbarschaft wird nicht in Begeisterung ausbrechen, wenn der Waschtag vergebens war. Da ist es gut, die

Anwohner vorzuwarnen und – falls es bereits zu spät sein sollte – ein Glas Honig oder eine schöne Bienenwachskerze als Entschuldigung bereitzuhalten.

Weil Bienen bei kaltem Wetter nicht fliegen können, sollten sie übrigens möglichst nicht auf dem mineralstoffreichen Waldhonig überwintern. Sonst bekommen sie nämlich im Stock Durchfall, was Krankheiten zur Folge haben kann.

Bienen – fleißig und unverzichtbar

Wenn man die verschiedenen Bienenwesen so betrachtet und weiß, zu welch erstaunlichen Leistungen sie fähig sind, wird klar, dass es sich nur äußerlich um viele tausend Individuen handelt. Deshalb werden Bienen auch von Soziobiologen als »ein Superorganismus« bezeichnet und traditionell »der Bien« genannt. Dieser Superorganismus besteht aus vielen einzelnen Zellen (und damit sind nicht die sechseckigen Wabenzellen, sondern die Arbeiterinnen gemeint) und einem Vermehrungsorgan (die Königin), das laufend neue Zellen (Eier, aus denen Bienen werden) produziert. Das männliche Geschlechtsorgan des Organismus Bien sind die Drohnen. Alle zusammen, selbst die Brut, sondern bestimmte Botenstoffe, sogenannte Pheromone, ab. Das dient einem komplexen

Regulationsprozess. Die Zellen werden immer wieder ausgetauscht, was beim Bien anders als beim Menschen praktisch unbegrenzt funktioniert. So verjüngt sich der Bien ständig selbst und ist deshalb im Prinzip unsterblich, wenn er nicht durch Pestizide, Schädlinge, Krankheiten, Stress oder Nahrungsmangel zugrunde geht. Ein Bienenvolk vollbringt dank seiner Schwarmintelligenz ganz erstaunliche Leistungen. Wissenschaftler haben festgestellt, dass Bienen mit einer beeindruckenden Treffsicherheit in der Lage sind, menschliche Gesichter zu unterscheiden. Viele erfahrene Imker sind davon überzeugt, dass ihre Bienenvölker sie über Jahre hinweg erkennen. Und das, obwohl doch die einzelne Biene gar nicht so alt wird. Dieses Wissen muss also innerhalb des Biens weitergegeben werden. Auf welchem Wege das geschieht, bleibt zumindest vorerst ein Geheimnis der Bienen.

Bienen – Garanten der ökologischen Vielfalt

Ohne Bienen hätte die Evolution eine ganz andere Richtung genommen. Weil Blüten und Bienen sich in Jahrmillionen optimal aufeinander abgestimmt haben, sind Bienen auch heute noch unverzichtbar. Viele Menschen denken im Zusammenhang mit der Honigbiene zunächst an die Produkte aus dem Bienenstock: Honig, Wachs, Blütenpollen, Gelée royale oder Propolis. Doch so wertvoll diese Geschenke der Bienen auch sind – sie sind nur ein verhältnismäßig kleiner Grund dafür, warum wir die Bienen brauchen. Ihre Hauptleistung besteht in der Bestäubung. Durch die Arbeit der Bienen tragen Kulturpflanzen ebenso wie Wildpflanzen reiche Frucht. Rund 80 Prozent der auf Blütenbestäubung angewiesenen heimischen Nutz- und Wildpflanzen brauchen die Bienen (Wildbienen eingerechnet). Sie zählen damit zu den wichtigsten Bestäubern und sind die Garanten der ökologischen Vielfalt in der Flora und Fauna. Ohne die Bienen könnten Obstbäume keine Früchte und Blumen keine Samen bilden. Dabei sind Bienen die einzigen Lebewesen, die sich ernähren, ohne dabei etwas zu zerstören. Natürlich welkt eine Blüte nach dem Bienenbesuch. Doch das würde sie sowieso. Dank der Biene kann sie jedoch den nächsten für sie vorgesehenen Entwicklungsschritt machen und Frucht tragen. Von dieser Frucht ernähren sich wiederum andere Lebewesen und setzen so den Samen frei, was die Vermehrung der Pflanze ermöglicht – ein ewiger, faszinierender Kreislauf der Natur. Größere Pflanzen wie Hecken oder Sträucher bieten übrigens nicht nur Früchte, sondern auch Unterschlupf für Wildtiere.

Während die Bienen mit eifrigem Brummen den süßen Saft saugen, sammelt sich in ihrem Haarkleid Blütenpollen, sodass sie aussehen wie gepudert. Der Pollen wird von den Bienen teils an den Hinterbeinen zu den dicken, je nach Sorte gelben, roten oder bräunlichen Pollenhöschen geformt und mit in den heimischen Stock transportiert. Ein guter Teil bleibt aber auch im Haarkleid hängen und bestäubt so auf einer Sammeltour eine Blüte nach der anderen. Bienen sind dabei unglaublich effizient, weil sie im Gegensatz zu anderen Bestäubern blütenstet sind. Das heißt nichts anderes, als dass sie bei einem Flug nur eine einzige Pflanzenart besuchen, sobald sie sie einmal entdeckt haben. Selbst wenn andere, ebenfalls sehr lohnende Ziele in unmittelbarer Umgebung sind, lassen sich Bienen nicht ablenken. Bei Hummeln etwa ist dies ganz anders; sie lieben die Abwechslung und naschen mal hier, mal da. Das mag für die Hummeln schön sein, doch Pflanzen haben weniger davon.

An dieser Stelle sei auch für die Wildbienen, zu denen unter anderem die Hummeln gehören, eine Lanze gebrochen. Anders als die Honigbiene leben sie nicht in Staaten, sondern solitär. Nicht nur aus diesem Grund werden sie meist nicht oder nur wenig beachtet, obwohl sie genauso unverzichtbar sind. Denn nicht jede Biene kann jede Blüten nutzen, geschweige denn bestäuben. Die Honigbiene ist für manche Pflanzen zu groß oder ihr Rüssel ist nicht lang genug, um an den Nektar zu gelangen. Wildbienen, die je nach Art größer oder viel kleiner sein können als Honigbienen, haben sich zum Teil auf ganz bestimmte Blütenarten spezialisiert, zum Teil sogar auf nur eine. Und genau darin liegt die Krux. Wenn es diese Blühpflanze(n) nicht mehr gibt, dann stirbt auch die Wildbiene. Und wenn die Wildbiene stirbt, werden auch weniger Pflanzen bestäubt. Das Drama

der Wildbienen ist, dass ihr Sterben, das eine Folge der intensiven Agrarnutzung ist, meist unbemerkt vonstattengeht. Sie haben keinen Imker, der sich um sie kümmert und bei Todesfällen Alarm schlägt. Mittlerweile ist knapp die Hälfte der in Deutschland bekannten Wildbienenarten gefährdet, und sehr viele Arten sind bereits ausgestorben.

Der volkswirtschaftliche Nutzen der Bestäubungsleistung von Honigbienen übersteigt den Wert der Honigproduktion um das Zehn- bis Fünfzehnfache. In Deutschland liegt er bei rund zwei Milliarden Euro jährlich, weltweit bei etwa 70 Milliarden US-Dollar. Dagegen werden von den rund eine Million Bienenvölkern in Deutschland »nur« ungefähr 25.000 Tonnen Honig geerntet, was den heimischen Bedarf zu einem Fünftel deckt.

Durch ihre enorme Bestäuberleistung ist die Biene nach Rind und Schwein das drittwichtigste Nutztier des Menschen. Obst und Gemüse profitieren zudem deutlich, wenn sie durch Bienen statt durch den Wind bestäubt werden. Zum einen sind die Erträge höher, zum anderen werden Qualitätsmerkmale wie Gewicht, Gestalt, Zucker-Säure-Gehalt, Keimkraft, Fruchtbarkeit und Lagerfähigkeit deutlich gesteigert.

All dies sind gute Gründe dafür, unsere Bienen pfleglich zu behandeln und ihnen optimale Lebensbedingungen zu geben. Doch leider ist das nicht mehr so. Bienen haben heute mit vielfältigen Problemen zu kämpfen, die ihnen das Leben schwermachen. Eines der meistgenannten ist die aus Asien eingeschleppte Varroamilbe, die die Bienen und vor allem deren Brut massiv schädigt und ohne Behandlung zwangsläufig zum Tod der befallenen Völker führt. Honigbienen und Wildbienen leiden jedoch auch unter der von Monokulturen geprägten Landwirtschaft. Die Pestizide einer intensiven Landwirtschaft stellen ein großes Problem dar. Besonders heimtückisch sind Pflanzenschutzmittel, die nicht unmittelbar zum Bienensterben führen, sondern beispielsweise »nur« die Kommunikation zwischen den Bienen oder ihren Orientierungssinn stören, was letzten Endes ebenfalls den Tod oder die Schwächung des Volks zur Folge hat. Neonicotinoide sind solche Pestizide. Deshalb sind diese Nervengifte in der EU seit Dezember 2013 erst einmal für zwei Jahre verboten. Ein Tropfen auf den heißen Stein, aber besser als nichts.

Ein ebenso großes Problem ist das zunehmend schlechtere Nahrungsangebot, unter dem Honigbienen und Wildbienen ebenso wie Schmetterlinge und andere Blütenbesucher zu leiden haben. Nach einem recht üppigen Blütenangebot im Frühjahr durch die Obst- und Rapsblüte ist schon im Sommer für die Bienen Schmalhans Küchenmeister. Sie finden in unserer ausgeräumten Kulturlandschaft kaum noch Blüten, die ihnen Nektar und Pollen bieten. Wiesen, die früher voller verschiedener Blumen waren, sind heute überdüngt. Außerdem werden sie zu oft gemäht, sodass kaum eine der wenigen ver-

OBEN: Wenn Bienen bestäuben, wird das Obst schöner, größer und enthält mehr Vitalstoffe.

bliebenen Blumen überhaupt zur Blüte kommen kann. Heute können die Bienen von einer bunten Blütenvielfalt, die von Frühjahr bis Herbst ein reichliches und abwechslungsreiches Angebot liefert, nur noch träumen. Dabei ist gerade der Spätsommer für ein Bienenvolk die wichtigste Zeit, um mit gesunden, gut genährten Bienen den kommenden Winter zu überstehen. Hier kann jeder helfen, egal, ob er nun einen eigenen Garten oder nur einen Balkon hat, indem er dort sogenannte Bienenweide-Pflanzen anbaut.

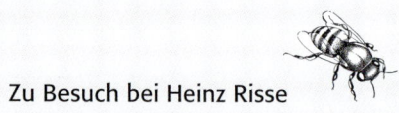

Großstadtimker mit Herz für die Bienen

OBEN: Großstadtimker Heinz Risse bei seinen Bienen in Berlin

Bienen in einer Großstadt wie Berlin? Geht das denn überhaupt? »Na klar«, sagt Heinz Risse, Elektroingenieur im Hauptberuf und Hobbyimker aus Leidenschaft. Er hält mitten in Berlin elf Bienenvölker. Zwei auf seinem Balkon im vierten Stock eines Altbaus, eines auf dem Berliner Abgeordnetenhaus und acht im Prinzessinnengarten. Das ist ein Garten im Tetrapak, sozusagen auf Zeit, weil die Stadt die ehemalige Brache immer nur jahresweise verpachtet. Und zu einem Garten gehören für Heinz Risse ohne Frage auch Bienen.

Erste Erfahrungen mit Bienen sammelte er schon als Steppke bei seinem Vater, doch selbst hatte er lange Zeit keine Bienen. Bis ihm der Beruf endlich mehr Zeit ließ und er bei Mellifera e. V. auf die wesensgemäße Bienenhaltung stieß. »Das war genau das, was ich immer gesucht habe: eine Imkerei, die nicht Wirtschaftsinteressen in den Vordergrund stellt, sondern das Wohl der Bienen.« Deshalb bekommen die Bienen von ihm auch kein Zuckerwasser, sondern nur eigenen Honig. Es sei denn, das Jahr ist so schlecht, dass auch der nicht reicht. Aber das kommt in einer Stadt wie Berlin, in der mehr blüht als auf dem Land, zum Glück kaum vor.

Heinz Risse ist einer, der gerne selbst ausprobiert. Deshalb imkert er mit verschiedenen naturnahen Beuten. Die Bienenkiste, die speziell für die Stadtimkerei entwickelt wurde, gefällt ihm, weil sie als einzige den Blick auf das gesamte Bienenvolk ermöglicht: »So begreift man erst, dass es wirklich ein Lebewesen ist, kein Ding aus vielen Einzelteilen, die man beliebig austauschen kann«, ist er überzeugt. Seine neueste Idee ist eine Bienenkiste, die nicht auf dem Boden steht, sondern in luftiger Höhe im Baum hängt. Denn Bienen suchen sich von Natur aus auch eher hoch gelegene Wohnungen.

Das Imkern in der Bienenkiste ist sehr extensiv. Die Bienen bauen alle Waben selbst. Nur die Richtung wird mit schmalen Wachsstreifen vorgegeben. Brutraum und Honigraum können mit einem Schied getrennt werden. Der Honigraum wird erst im zweiten Jahr freigegeben, wenn das Volk schon unter dem Trennschied hindurch baut. Zur Honigernte entfernt der Imker die Waben aus dem Honigraum. Für Tropfhonig schneidet er sie in kleine Stücke und lässt sie in verschiedenen Sieben abtropfen. Zum Schluss läuft der so gewonnene Honig noch durch einen Nylonstrumpf. Für den Presshonig hat sich Heinz Risse eine Saftpresse angeschafft. »Das ist viel gehaltvoller als der Schleuderhonig, und das schmeckt man!«

Nach der Honigernte folgt die Behandlung mit Ameisensäure, und im Spätherbst, wenn das Volk ein bis zwei Wochen nach den ersten Nachtfrösten brutfrei ist, noch einmal eine Behandlung mit Oxalsäure, damit es möglichst ganz ohne Milben in den Winter gehen kann. Je nach Witterung zwischendurch eine Kontrolle, ob die Bienen genug Futter haben – das war's schon an Aufwand.

So reichen in der Bienensaison beim Bienenkisten-Imkern etwa zehn Stunden aus. »Na ja, ich verbringe mehr Zeit bei meinen Bienen«, lacht Heinz Risse. »Aber nicht, weil ich muss, sondern weil ich will! Es fasziniert mich, am Flugloch zu sitzen und die Bienen zu beobachten. Da kann ich einen Gang runterschalten.«

OBEN: Pflanzen in der Transportbox; Bienenkiste im Baum; Heinz bei der Völkerkontrolle

Bienenprodukte
und wie sie entstehen

Blütenhonig entsteht aus Nektar, den die Bienen mit ihrem Rüssel aus den Pflanzen saugen und in ihrer Honigblase nach Hause tragen. Der würzige und dunklere Waldhonig dagegen stammt aus dem Honigtau, den bestimmte Läuse absondern, wenn sie an den Blättern oder Nadeln der Bäume sitzen. Honigbienen sammeln neben Nektar auch diesen Honigtau.

Honig – mehr als nur getrockneter Nektar

Der Verarbeitungsprozess von Nektar und Honigtau ist derselbe. Die Sammlerinnen übergeben den Nektar an die Stockbienen. Schon während des Transports und dann auch im Bienenstock werden laufend bieneneigene Stoffe hinzugegeben und der

Wassergehalt wird reduziert. Die Enzyme, die die Biene hinzufügt, bewirken eine Veränderung des Zuckerspektrums und die Entstehung sogenannter Inhibine, die das Wachstum von Hefen und Bakterien hemmen. Um den Wassergehalt zu reduzieren, wird ein Nektartropfen mehrfach über den Rüssel abgegeben und wieder eingesaugt. Der Nektar, der danach noch einen Wassergehalt von etwa 30 bis 40 Prozent hat und entsprechend leicht eingedickt ist, wird in leeren Wabenzellen ausgebreitet. Die Zellen werden dazu nur teilweise gefüllt, sodass eine möglichst große Verdunstungsfläche entsteht. Danach setzen die Bienen ihre Flügel ein: Durch Fächeln wird die weitere Verdunstung beschleunigt. Dabei wird beispielsweise nachts die Stockluft durch kühlere und deshalb trockenere Außenluft ersetzt, die dann auf Stocklufttemperatur erhitzt wird und dadurch noch mehr Feuchtigkeit abgibt. Wenn der Honig einen Wassergehalt unter 20 Prozent hat, ist er fertig, wird noch einmal umgetragen und in Lagerzellen über dem Brutnest mit einem luftundurchlässigen Wachsdeckel verschlossen. Dieses Verdeckeln ist für Imker das Zeichen, dass der Honig reif ist und geerntet werden kann. Honig entsteht erst dann, wenn mehr Nektar eingetragen wird, als für den laufenden Eigenverbrauch benötigt wird.

Das Brot der Bienen

Pollen, der nicht sofort verzehrt wird, wird in den Zellen eingelagert und eingestampft.

Schon die Sammlerin gibt Sekrete hinzu, die den Blütenstaub zusammenkleben lassen. Beim Einstampfen werden weitere Drüsensekrete, aber auch Honig und Propolis hinzugefügt. Dadurch wird der Pollen haltbar und unempfindlich gegen Schimmel und Bakterien. In der Zelle läuft eine Fermentation ab, bei der sich Eiweiß, Fett und Zucker im Pollen verändern. Das »Bienenbrot« ist fertig. Der Blütenpollen, wie wir ihn kennen, ist der nur leicht durch die Sammlerin veränderte Pollen. Durch ein Abstreifgitter am Flugloch wird der Pollen bereits im Anflug von den Beinen der Sammelbiene geholt und kann dort vom Imker gesammelt werden.

Zauberwerkstoff Wachs

Das Wachs schwitzen die Bienen in kleinen Schüppchen aus den Wachsdrüsen, die sich im Hinterleib der Arbeiterinnen befinden, aus und bearbeiten es mit ihren Mundwerkzeugen. Mit Sekreten der Oberkiefer- und Kopfspeicheldrüsen wird das Wachs geschmeidig gemacht. Die Wachsbiene verwendet es zum Bau von Waben, zum Verdeckeln von Zellen oder sie gibt es an andere Arbeiterinnen weiter, die kein eigenes Wachs produzieren können, aber beispielsweise kleinere Reparaturarbeiten ausführen. Auch das Wachs birgt ein Geheimnis: Wenn damit die Brutzellen verschlossen werden, ist es luftdurchlässig. Dient es dagegen zum Verdeckeln von reifem Honig in den Zellen, lässt es keine Luft durch. Wie machen die Bienen das nur?

OBEN: Bienenbrot ist durch den Speichel der Bienen haltbar gemachter Blütenpollen.

Kein Geheimnis mehr ist dagegen die regelmäßige Sechseckform der Wabenzellen. So benötigen die Bienen die geringste Menge Wachs, um eine Fläche in möglichst viele Zellen aufzuteilen. Das haben sich die Bienen aber nicht selbst ausgedacht, auch wenn man ihnen das ohne Weiteres zutrauen könnte. Sie bauen zuerst eine Röhre. Beim Arbeiten daran erwärmt sich das Wachs auf etwa 40 Grad Celsius. Die Röhren verformen sich, und die bekannte Sechseckform bildet sich ganz von allein.

Propolis: Was schadet, bleibt »vor der Stadt«

Propolis (griechisch für »vor der Stadt«) ist ein Harz, das die Bienen von Knospen, Früchten, Blüten und Blättern der Pflanze sammeln. Soweit bis jetzt bekannt ist, wird das Harz von den Bienen nicht in irgendeiner Form verändert. Die Propolis, auch Kittharz genannt, dient der Abdichtung des Bienenstocks vor Zugluft und hält durch ihre antibakteriellen und antimykotischen Eigenschaften gleichzeitig Krankheitserreger draußen. Ein Bienenvolk kann pro Saison ein paar Hundert Gramm in das Nest eintragen.

Gelée royale – der Stoff, der Königinnen macht

Gelée royale ist ein Sekretgemisch, das die Ammenbienen in speziellen Drüsen in ihrem Kopf erzeugen. Larven, aus denen Königinnen werden sollen, werden ausschließlich damit gefüttert, die übrigen Bienenlarven kommen nur am Anfang ihres Lebens in den Genuss dieses besonderen Futtersafts. Das wertolle Gelée royale gibt den Larven in ihren ersten Lebenstagen einen Schutz vor bakteriellen Infektionen. Noch sind aber nicht alle Substanzen im Gelée royale und schon gar nicht deren Bedeutung für Entwicklung und Gesundheit der Bienen bekannt.

Weil Gelée royale bei den Bienen so eine fantastische Wirkung hat, ist man auf die Idee gekommen, dass es auch Menschen als Verjüngungs- und Stärkungsmittel gute gesundheitliche Dienste leisten könnte. Ob das wirklich so ist, ist umstritten. Bevor man es nutzt, sollte man sich Folgendes bewusst machen: Das Gelée royale, das es bei uns zu kaufen gibt, stammt meistens aus China, wo zu diesem Zweck massenhaft künstliche Königinnen gezüchtet und getötet werden. Man sollte schon aus Gründen des Respekts vor dem Bienenvolk darauf verzichten, es für rein kosmetische Zwecke einzusetzen. Hierzulande kommen Imker ab und zu in den Genuss des eher säuerlich schmeckenden Produkts, da ein Bienenvolk mehr Jungköniginnen produziert, als für das eigene Überleben nötig; diese werden deshalb von der zuerst geschlüpften Jungkönigin getötet. Gelée royale für medizinische Zwecke ist vertretbar, da es dort ohnehin in der Regel nur in homöopathischen Dosen verwendet wird.

Hobby, Leidenschaft, Beruf
oder Berufung

Bienen üben ganz ohne Frage eine gewaltige Faszination auf viele Menschen aus. Und diese Faszination wächst, je mehr man sich mit diesen erstaunlichen Wesen auseinandersetzt. So ist es kein Wunder, dass immer mehr Menschen sich mit dem Gedanken tragen, mit dem Imkern anzufangen. Dieses Buch soll Appetit machen und ausdrücklich dazu ermutigen, selbst Bienen zu halten. Es

kann jedoch, auch darauf sei ausdrücklich hingewiesen, kein Ersatz für einen soliden Imkerkurs sein, bei dem man die Grundlagen der Imkerei erlernt (Adressen auf S. 158). Nach dem erfolgreichen Absolvieren eines solchen Kurses ist es zudem ratsam, sich während der ersten Jahre von einem erfahrenen Imker bei der Arbeit an den Bienen begleiten zu lassen. Trotzdem werden Sie vor der einen oder anderen Überraschung nicht sicher sein. Denn Sie haben es mit Lebewesen zu tun, nicht mit Maschinen. Hinzu kommen die von Jahr zu Jahr wechselnden Wetterverhältnisse. Kaum ein Bienenjahr ist wie das vorhergehende. Kurz gesagt: Als Imker lernt man nie aus. Auch wenn die Bienen mit zu den am besten erforschten Lebewesen gehören, bleibt man im Umgang mit ihnen ständiger »Lehrling der Natur«. Wenn Sie bereit sind, sich auf das Abenteuer Bienenhaltung einzulassen, Augen und Ohren offen zu halten und durch Beobachtung dazuzulernen, gibt es jedoch kaum eine erfüllendere Beschäftigung.

OBEN: Bienen finden zielsicher ihren Stock – egal, ob das Flugloch bunt ist oder nicht.

Viele Wege führen zu den Bienen

Angesichts des gigantischen Universums »Biene« ist es kaum überraschend, dass es auch mehrere Arten gibt, Bienen zu halten. Grob gesprochen gibt es die traditionelle Imkerei, die Bioimkerei und die wesensgemäße Bienenhaltung. Die Übergänge sind jedoch oft fließend, vor allem unter denjenigen, die Bienen aus Interesse und Freude und nicht als Broterwerb halten. Und das ist zugleich das Schöne: Jeder findet seinen eigenen Weg zu den Bienen.

Im 19. Jahrhundert veränderte sich die Imkerei beträchtlich. Eine Neuentwicklung jagte die nächste. Der Hauptbeweggrund dafür war, mit möglichst wenig Aufwand möglichst

viel Honig zu ernten. Zunächst einmal wurde daran getüftelt, den Stabilbau der Bienen zu einem Mobilbau zu machen. Stabilbau heißt nichts anderes, als dass die Bienen ihre Waben in einem Hohlraum fest an den Wänden anbauen. Wenn man Honig ernten möchte, muss man die Waben herausschneiden und zerstört so das Bienennest. Die Lösung wurde mit mobilen Rähmchen gefunden. Das sind meistens Holzrahmen in – je nach dem verwendeten System – unterschiedlicher Größe, in denen die Bienen ihre Waben ebenfalls fest anbauen. Die Rähmchen selbst sind jedoch beweglich und können zur Kontrolle oder Ernte entnommen werden.

Heute arbeiten nahezu alle bekannten Formen der Imkerei mit diesen beweglichen Rähmchen. Eine Ausnahme bildet beispielsweise die Korbimkerei oder das Imkern in der Bienenkiste. Die Korbimkerei wird nur noch von ganz wenigen Imkern betrieben, weil sie sehr spezielle Kenntnisse erfordert und auch nicht den heute von vielen Imkern erwünschten Ertrag liefert. Die Bienenkiste ist dagegen vor allem in den Städten im Kommen, da sie eine sehr extensive Form der Bienenhaltung ermöglicht. So kommt die Bienenkiste vor allem bei ökologisch interessierten Menschen gut an. Für die verschiedenen Formen der Imkerei – modern konven- tionell, bio und wesensgemäß – werden unterschiedliche Beuten genutzt.

Moderne konventionelle Imkerei

Die moderne konventionelle Imkerei ist eine Magazinimkerei mit einigen typischen Merkmalen (Absperrgitter, Mittelwände, Schwarmunterdrückung, künstliche Königinnenzucht), die im Folgenden genauer erklärt werden. Magazine sind Bienenwohnungen aus Holz oder Kunststoff, die aus mehreren Etagen bestehen. Ihren Durchbruch hatten sie in Westdeutschland in den 1960er- und 1970er-Jahren. Das Ziel der Magazinimkerei ist ein

UNTEN: Sobald die Temperaturen steigen, herrscht bei den Bienen reger Flugbetrieb.

maximaler Honigertrag bei möglichst geringem Aufwand für den Imker. Viele Imker kennen nur diese Form der Imkerei, die in den meisten lokalen Imkervereinen gang und gäbe ist.

Die einzelnen Etagen eines Magazins werden als »Zargen« bezeichnet. Das ist im Prinzip eine oben und unten offene Kiste, in die von oben die Rähmchen mit den Bienenwaben eingehängt werden. Je nach Jahreszeit, Trachtverhältnissen und Volksentwicklung verwenden Magazinimker unterschiedlich viele Zargen. Ganz oben wird immer ein Deckel aufgesetzt, ganz unten gibt es einen Boden. Im Boden ist an der Vorderseite ein Schlitz als Flugloch angebracht, der Deckel wird vor der Witterung mit einer Abdeckung geschützt. Im Winter reichen eine bis zwei Zargen, im Sommer können es vier oder fünf pro Volk sein. Wesensgemäß arbeitende Imker verwenden normalerweise keine Magazinbeuten. Eine Ausnahme bilden lediglich die Dadant-Beuten (s. S. 78)

Im unteren Bereich der Magazinbeute befindet sich der sogenannte Brutraum, das heißt der Teil der Bienenwohnung, in dem sich das Brutnest befindet. Dort legt die Königin ihre Eier ab. Darüber ist der Honigraum. Brutraum und Honigraum sind quasi zwei getrennte Zimmer. Die Königin wird durch ein Absperrgitter daran gehindert, den Honigraum zu betreten. Durch dieses Gitter passt eine Arbeiterin hindurch, die deutlich größere Königin jedoch nicht. Der Sinn der Sache ist erneut eine Maximierung der Honigernte, die bis dicht an die Brut möglich ist.

Typisch für diese Art der Imkerei ist zudem das Arbeiten mit Mittelwänden. Das sind gewalzte oder gegossene Platten aus eingeschmolzenem Altwachs verschiedener Bienenvölker mit einem vorgeprägten Relief von gleichseitigen Sechsecken. Mittelwände werden in der konventionellen Imkerei verwendet, um den Wabenbau der Bienen »ordentlicher« und robuster zu machen und so das Honigschleudern zu erleichtern. Außerdem wird so die Zahl der »faulen Bienenmänner« möglichst gering gehalten, da sie größere Zellen benötigen, als es das Zellmaß der Mittelwände vorgibt. Bienen sind so konditioniert, dass sie die Zellgröße entsprechend der vorgegebenen Prägung bauen. Das Zellmaß der Mittelwände reicht für Drohnen aber nicht aus.

Für den Drohnenwabenbau bieten konventionell arbeitende Imker ein leeres Rähmchen an, in dem Naturwaben gebaut werden dürfen. Die Bienen lassen sich die Gelegenheit nicht entgehen, endlich auch große Drohnenkinderzimmer herzustellen, in die die Königin dann Drohneneier legt. Dabei machen die Bienen allerdings die Rechnung ohne den Imker, denn der entfernt die Wabe mit der Drohnenbrut. Er möchte so die Varroamilbe in Schach halten, die sich wegen der langen Entwicklungszeit von Drohnen besonders gerne in deren Zellen vermehrt. Drohnen sind jedoch ebenso wie Arbeiterin-

59

OBEN: Ein konventionell arbeitender Magazinimker bei der Völkerkontrolle

nen und Königin unverzichtbarer und wichtiger Teil des Bienenvolks.

Wenn ein Bienenvolk im Frühsommer zu groß für die bisherige Behausung geworden ist, kommt es in Schwarmstimmung. In den sogenannten Weiselzellen wachsen die Jungköniginnen heran. Wenige Tage bevor die erste Jungkönigin schlüpft, verlässt die alte Königin mit etwa der Hälfte ihres Volkes den Stock und überlässt ihn mit dem restlichen Teil des Volkes ihrer Nachfolgerin. Diesen Vorgang nennt man Schwärmen, und er

ist der natürliche Geburtsvorgang eines Bienenvolks. Konventionell arbeitende Imker versuchen mit verschiedenen Mitteln, die Schwarmneigung zu verringern und das Schwärmen zu unterdrücken. So werden beispielsweise Königinnenbrutzellen ausgebrochen, sodass keine neue Königin heranwachsen kann, Völker werden vom Imker geteilt, es werden Kunstschwärme gebildet, und manchmal wird auch die alte Königin durch Abschneiden oder Beschneiden ihrer Flügel am Fortfliegen gehindert. Hinter all diesen Maßnahmen steckt wieder der Wunsch nach einem höherem Honigertrag und nach weniger Arbeit für den Imker. Bienen, die schwärmen, sammeln keinen Nektar. Und wenn sie eine neue Behausung bezogen haben, sind sie erst einmal mit dem Wabenbau beschäftigt. Das macht hungrig, und der Nektarverbrauch steigt. Außerdem muss der Imker seine Völker in der Schwarmzeit genauer als sonst beobachten, damit ihm kein Bienenschwarm verloren geht.

Bei konventionell arbeitenden Imkern wächst die künftige Königin nicht in ihrem eigenen Volk heran, sondern wird vom Imker in einem anderen Volk »produziert«. Dies ist das Thema, das die Imkerschaft am meisten spaltet. Konventionell arbeitende Imker möchten so ihre Zuchtziele wie Sanftmut, Schwarmträgheit und maximalen Ertrag gewährleisten. Wesensgemäß orientierte Imker sind dagegen davon überzeugt, dass die eigene Königin, die frei und natürlich begattet wird, essenziell zum Leben des Bienenvolks gehört und möglich gemacht werden sollte.

Es gibt eine professionelle Königinnenproduktion und einfache Verfahren für Freizeitimker, die demselben Prinzip folgen. Die Königin wird dem Bienenvolk entnommen. Anstelle von Königinnenbrutzellen (Weiselzellen) werden Näpfchen aus Wachs oder aus Kunststoff hinzugefügt, in die junge Arbeiterinnenlarven, vom Imker als »Zuchtstoff« bezeichnet, gesetzt werden. Bei einem »Nachschaffung« genannten Verfahren wird ebenfalls die Königin entnommen und neun

Tage später eine Wabe mit jungen Maden eingehängt. Da ein Bienenvolk unbedingt eine Königin braucht, wenn es überleben will, füttert es die Larven in den künstlichen Näpfchen oder in der neu eingehängten Wabe mit Gelée royale und macht sie dadurch zu Königinnen. Die Nachschaffungszellen hängen im Unterschied zu einer normal entstandenen Weiselzelle nicht unten an der Brutwabe, sondern sitzen auf ihr auf.

Profizüchter lassen ihre künstlich produzierten Königinnen meistens im Käfig schlüpfen und untersuchen sie auf mögliche körperliche Fehler. Entspricht sie den Vorgaben nicht, wird sie aussortiert. Wenn sie dagegen bestimmte Standards erfüllt, wird die so produzierte Königin oftmals noch künstlich besamt und anschließend per Post an einen Käufer verschickt. Der Imker jubelt dann seinem Bienenvolk diese fremde Königin unter, der selbstverständlich der typische Stockduft fehlt. Da er wegen der möglicherweise höheren Legeleistung und dem weniger ausgeprägten Schwarmtrieb Wert auf junge Königinnen legt, tötet der Imker diese Königin nach spätestens zwei Jahren und ersetzt sie erneut durch eine gezüchtete Königin.

Ohne Behandlung von Krankheiten und Schädlingen durch den Imker ist heute kein Bienenvolk mehr in der Lage, lange zu überleben. In der konventionellen Imkerei dürfen zur Behandlung der aus Asien eingeschleppten Varroamilbe synthetische Mittel der pharmazeutischen Industrie eingesetzt werden.

Da diese Produkte fettlöslich sind, können sie Rückstände in Wachs und Honig hinterlassen (siehe Kapitel »Bienenkrankheiten erkennen und behandeln«, S. 96).

Bioimkerei

Der Begriff »Bio« ist auch in der Imkerei geschützt. Er darf nur benutzt werden, wenn die EU-Richtlinien für die ökologische Imkerei erfüllt werden. Das bedeutet, dass ein Hobbyimker zwar biomäßig imkern kann, aber den Begriff trotzdem nicht ohne Weiteres verwenden darf, wenn er sich dabei nicht strafbar machen möchte.

Die Bioimkerei unterscheidet sich von der konventionellen Imkerei im Wesentlichen dadurch, dass die Behandlung von Krankheiten und Schädlingen ausschließlich mit organischen Mitteln wie beispielsweise Ameisen- oder Oxalsäure erfolgen darf. Diese Mittel hinterlassen keine Rückstände in Wachs oder Honig, weil sie nicht fettlöslich sind. Außerdem achten Bioimker darauf, dass ihre Völker möglichst nicht in der Nähe gespritzter Felder oder Wiesen stehen. Die Beuten müssen aus natürlichen Materialien, vorzugsweise aus Holz, bestehen. Auch das Bienenwachs für neue Mittelwände muss aus ökologischer Produktion sein. Zur Fütterung des Volks darf nur Biozucker verwendet werden.

In der Art der Haltung kann es Unterschiede zur konventionellen Imkerei geben, dies muss aber nicht sein. Die Richtlinien der Bioimkerei empfehlen zwar ein Minimum an Naturwaben. Wie dieses Minimum aussieht, entscheidet der Imker. In der Regel ist es lediglich die Drohnenwabe, die auch konventionell arbeitende Imker verwenden.

Wesensgemäße Bienenhaltung (Demeter-Bienenhaltung)

Die wesensgemäße Bienenhaltung, die vor knapp 30 Jahren an der Lehr- und Versuchsimkerei Fischermühle in Rosenfeld ihren Ursprung nahm, hat einen völlig anderen Ansatz. Die Bienen werden nicht in Magazinen, sondern in Großraumbeuten auf großen Waben gehalten, sie bauen ihr Brutnest komplett selbst im Naturwabenbau, die Königin wächst im eigenen Volk heran, erreicht ihr natürliches Lebensende und kann sich auch im ganzen Volk frei bewegen, und die Völkervermehrung erfolgt auf Grundlage des natürlichen Schwarmtriebs. Der Start mit Naturschwärmen ist eine besondere Freude, und es gibt kaum etwas Schöneres, als zu sehen, wie die Bienen in erstaunlich kurzer Zeit junge, hauchzarte Naturwaben bauen.

Arbeiten mit dem Schwarmtrieb heißt nicht, dass man die Schwärme immer frei abfliegen lässt. Zumindest für Erwerbsimker wäre das viel zu aufwendig. Und auch ein Hobbyimker hat nicht immer gerade dann Zeit, wenn seine Bienen in Schwarmstimmung sind. Deshalb wurde ein Weg entwickelt, den Schwarmtrieb als natürlichen Geburtsvorgang eines Bienenvolks zuzulassen und trotzdem nicht ständig »Wache schieben« zu müssen. Dazu beobachtet der Imker in der Schwarmzeit genau, wann die erste Jungkönigin voraussichtlich schlüpft. Das kann er am Zustand der Weiselzelle sehen. Möglichst kurz vor der Verdeckelung der Weiselzelle entnimmt er vorsichtig die alte Königin und fegt etwa die Hälfte der Bienen von Brutwaben über einen Trichter in eine Schwarmkiste. Auch die Königin gibt der Imker in die Kiste. Dieser »vorweggenommene« Schwarm wird eine Nacht in einen kühlen, dunklen Raum

gestellt. Danach kann er wie ein Naturschwarm in eine neue Beute »eingeschlagen« werden, wie der Imker sagt. Im verbliebenen Bienenvolk in der alten Beute übernimmt mittlerweile die frisch geschlüpfte Jungkönigin die »Regentschaft«.

Kurz gesagt: Wesensgemäß arbeitende Imker lassen die Bienen so natürlich wie möglich leben und nehmen dafür auch gerne etwas mehr Arbeit und einen etwas geringeren Honigertrag in Kauf. Zertifizierte Demeter-Imker

UNTEN: Beim wesensgemäßen Imkern mit der Bienenkiste sieht man das Bienenvolk als Ganzes.

OBEN: Bei der konventionellen Magazinimkerei leben die Bienen getrennt in mehreren Etagen.

arbeiten alle so und gehen dabei deutlich über die EU-Anforderungen an die ökologische Bienenhaltung hinaus.

Die wesensgemäße Bienenhaltung wurde mit dem Gedanken entwickelt, dass allzu viele Eingriffe ins Bienenvolk Stress für die Tiere bedeuten. Deshalb setzte man sich zum Ziel, diesen Stress so weit wie möglich zu vermeiden, um dadurch die Bienen natürlich zu stärken, damit sie mit Krankheiten und Umweltbelastungen besser umgehen können. Es ist daher kein Zufall, dass die wesensgemäße Bienenhaltung genau in dem Moment begann, als es erstmals in Europa zu massiven Völkerverlusten durch die aus Asien importierte Varroamilbe kam. Dieses erste großflächige Bienensterben gab den Anlass, nach anderen Wegen der Bienenhaltung zu suchen.

Welche Imkerei passt zu mir?

Für welche Art der Imkerei man sich letzten Endes entscheidet, ist individuell sehr verschieden und hängt – ganz pragmatisch betrachtet – unter anderem auch von dem zur Verfügung stehenden Platz ab. Für eine Magazinimkerei beispielsweise muss man immer einiges an Lagerraum für Geräte und Zargen einplanen. Dies ist bei einer Einraumbeute wie etwa der Bienenkiste oder der Top Bar Hive nicht der Fall. (Mehr dazu lesen Sie unter dem Punkt »Kosten für Imkerausrüstung«, S. 83.)

Die Entscheidung sollte aber vor allem darauf beruhen, ob man eher die Maximierung der Honigernte oder das Wohl der Bienen in den Vordergrund stellt. Generell lässt sich sagen, dass sich jüngere, ökologisch interessierte Imker und (in wachsendem Maße auch) Imkerinnen vermehrt für die wesensgemäße Bienenhaltung interessieren. Ihnen kommt es weniger auf maximalen Honigertrag an, sondern vielmehr darauf, die Bienen zu beobachten und von ihnen lernen zu können. Oder sie wollen den Obstertrag im eigenen Garten steigern, einen Beitrag zum Erhalt der Pflanzenvielfalt leisten, Kindern ein einmaliges Naturerlebnis bieten oder eine Mischung aus alldem.

Dies ist natürlich ebenso bei der konventionellen Imkerei und selbstverständlich auch bei der Bioimkerei möglich. Wesensgemäß arbeitende Imker versuchen jedoch darüber hinaus, allzu viele und tiefe Eingriffe ins Bienenvolk zu vermeiden. Stattdessen lassen sie die Bienen weitestgehend so leben, wie sie es seit Millionen von Jahren getan haben. Was anderswo glückliche Hühner sind, sind bei den Demeter-Imkern glückliche Bienen. Zumindest haben sie die besten Voraussetzungen, um glücklich zu sein. Die wesensgemäß arbeitenden Imker entwickeln meist ein ganz besonderes Verhältnis zu ihren »Mädels«, das einem unwillkürlich das schöne alte Wort »Bienenvater« für einen Imker ins Gedächtnis ruft. Wobei es, um modernen Zeiten gerecht zu werden, natürlich auch eine Bienenmutter sein darf.

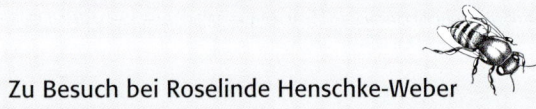

Zu Besuch bei Roselinde Henschke-Weber

Berufsimkerin mit
Leib und Seele

Die ersten eigenen Bienen hatte sie mit zwölf Jahren. Mit 19 hatte sie ihre Imkerlehre am Stuttgarter Bieneninstitut abgeschlossen und kümmerte sich um 60 Völker, die sie während ihrer Lehrzeit aufbaute. Wenig später waren es 140 Völker, von und mit denen sie lebte. Heute bewirtschaftet sie mit ihrem Mann zusammen knapp 300 Völker. Das sind die nüchternen Zahlen, mit denen man die »Bienenkarriere« von Roselinde Henschke-Weber beschreiben könnte. Doch damit wird man ihr bei Weitem nicht gerecht. Wer sich mit ihr unterhält, spürt sofort: Bei ihr ist die Imkerei nicht einfach ein Beruf. Es ist eine Berufung.

Die Berufung wurde ihr ein Stück weit in die Wiege gelegt. Schon ihr Urgroßvater hielt Bienen. Und ihr Vater hatte neben seinem Bauernhof noch Zeit für 120 Bienenvölker. Roselinde Henschke-Weber war von Anfang an dabei, half beim Honigschleudern, beim Einfüttern und beim Schwarmfang. Und fand die Bienen von jeher faszinierend. Als Kind saß sie vor den Bienenkästen und beobachtete das emsige Treiben. Und heute sagt sie: »Wenn ich bei den Bienen bin, geht's mir gut. Das hat für mich was ganz Sakrales.«

Früher zog sie gemeinsam mit ihren Brüdern mit einem Leiterwagen voller Bienenvölker der Waldtracht hinterher. Später, im Auto, erlebte Roselinde ihre Feuertaufe: Auf dem Rücksitz kippte eine der Beuten gegen sie, ging auf, und auf einmal war das Auto voll aufgeregt brummender Bienen – und sie selbst übersät mit unzähligen Stichen. Aber das tat der Begeisterung der damals 14-Jährigen keinen Abbruch. Und so wusste sie mit völliger Klarheit, als sie zum Schulabschluss eine Imkerlehrstelle ausgeschrieben sah: »Das wird mein Beruf!« Bis heute kann sie sich keinen schöneren vorstellen. Obwohl er körperlich sehr anstrengend ist, weil man schwer schleppen muss. Da weiß man abends, was man tagsüber getan hat. Hinzu kommen menschengemachte Probleme. Da ist zum einen die aus Asien eingeschleppte Varroamilbe, die seit Mitte der 1980er-Jahre Probleme verursacht. Doch die Hauptsorge von Roselinde Henschke-Weber gilt der immer intensiver werdenden Landwirtschaft mit ihren blütenarmen Monokulturen und den zahlreichen unterschiedlichen Giften. Die sind zwar oft kaum nachweisbar, stören aber die Kommunikation, den Orientierungssinn und die Wärmeregulation der Bienen. »Die Völker vertragen nicht mehr viel«, konstatiert sie nüchtern. »Wir haben mehr Verluste als noch vor 15 Jahren.« Und so hat sie trotz bester Pflege immer Sorgen, wie die Bienen durch den Winter kommen. Ein Frühjahr ohne Bienen ist für sie unvorstellbar. »Bienen sind für mich der Inbegriff der Liebe«, sagt sie, und man spürt, dass ihr dabei das Herz aufgeht.

Für sie als Bioland-Imkerin ist es selbstverständlich, dass sie in Zander-Dadant-Magazinbeuten so natürlich wie möglich arbeitet. Deshalb läuft die Vermehrung hauptsächlich über Schwarmköniginnen von guten Völkern, und die Varroamilbe wird mit Ameisen-, Milch- und Oxalsäure behandelt. Weil die Trachtverhältnisse heute so schlecht sind, muss Roselinde mit ihren Völkern den Blüten hinterherwandern. Da das Stress für die Bienen bedeutet, beschränkt sie es auf ein Minimum. Auch nach fast 30 Jahren als Berufsimkerin sind die Bienen für sie kein Arbeitsmittel, sondern Lebenselixier.

OBEN: Roselinde bei einer der letzten Völkerkontrollen im Spätsommer

Was macht **ein Fisch** im Bienenstock?

Wenn Sie sich mit einem Imker unterhalten, kann es passieren, dass Sie zunächst nur Bahnhof verstehen. Da schwirren Ihnen völlig unbekannte Begriffe um die Ohren, teilweise aber auch Wörter wie »Rähmchen«, »Zander«, »Stifte«, »Beute« oder »einschlagen«, die Sie alle schon mal gehört haben, die Ihnen aber im Zusammenhang mit den Bienen überhaupt nichts sagen. Nach und nach werden Sie erfahren, dass Zander kein Fisch sein muss und dass ein Rähmchen nicht notwendigerweise Dias enthält. Eine Beute ist nicht nur das, was der Dieb nach Hause schleppt, Stifte sind für den Imker weder Kugelschreiber noch Lehrlinge, und zum Einschlagen eines Bienenschwarms braucht man kein Papier und auch keine Axt. Hier finden Sie ein Auflistung der wichtigsten Begriffe.

Ableger: Konventionell arbeitende Imker überlassen es nicht dem Bienenvolk selbst, sich zu vermehren, sondern bilden sogenannte Ableger. Dafür werden etliche Bienen mit Waben und Brut einem Volk entnommen und in eine leere Beute gesetzt. Die alte Königin bleibt zurück. Den entnommenen Bienen wird nun eine Weiselzelle (Königinnenzelle) aus künstlicher Zucht zugegeben, diese auf einen freien Bereich einer Brutwabe gesetzt und leicht angedrückt.

Absperrgitter: Damit hindern konventionell arbeitende Imker die Königin daran, in den Honigraum zu gelangen.

Afterweisel: Ein Afterweisel ist eine Arbeiterin, die Eier legt. Das tut sie nur, wenn die Königin im Volk fehlt und auch keine Brut vorhanden ist, aus der man durch Fütterung mit Gelée royale eine neue Königin heranziehen könnte. Da sie nicht zum Eierlegen bestimmt ist und auch nicht begattet wurde, schlüpfen aus ihren Eiern nur Drohnen.

Auslaufen: Als Auslaufen wird das Schlüpfen der Bienenbrut bezeichnet. Die jungen Bienen nagen den Zelldeckel durch und laufen aus ihrer Zelle heraus.

Auswinterung: Der Imker macht im zeitigen Frühjahr eine erste Völkerkontrolle, um zu überprüfen, wie die Bienen durch den Winter gekommen sind: Hat das Volk noch genügend Vorräte? Ist eine Königin vorhanden? Ist das Volk gesund? Ist der vorhandene Platz ausreichend oder ist er zu groß?

Bee Space: der Abstand zwischen den Rähmchen sowie zwischen Rähmchen und Beutewand, der verhindert, dass die Bienen ihre Waben an der Wand anbauen, sodass die Waben wirklich mobil sind

Bestiften: Eiablage der Königin

Beute: Die Bienenwohnung nennt der Imker fachsprachlich Beute. Im Wesentlichen werden Magazinbeuten und Lager- beziehungsweise Trogbeuten unterschieden. Bei der Magazinbeute wird das Bienenvolk auf mehrere Etagen verteilt, bei der Lager- oder Trogbeute befinden sich alle Rähmchen beziehungsweise alle Waben meistens auf einer Ebene.

Bien: »Der Bien« ist nicht der Versuch chauvinistischer Imker, die Bienenwelt zu vermännlichen, sondern der Fachbegriff für das Bienenvolk als Gesamtes, als ein zusammenhängender Superorganismus.

Bienenbrot: der in den Waben eingelagerte und durch Fermentierung haltbar gemachte Blütenpollen

Bienenstock: das Bienenvolk mitsamt seiner Behausung

Bienenweide: Als Bienenweide werden bei Bienen beliebte Blütenpflanzen bezeichnet. Anders als weidende Kühe fressen sie die Blumen jedoch nicht auf, sondern saugen Nektar, sammeln Pollen und sorgen so für Bestäubung und Befruchtung.

Bienenwesen: Die drei Bienenwesen sind Arbeiterin, Drohne und Königin.

Blütenstetigkeit: Wenn eine Biene einmal bei einer bestimmten Pflanzenart mit dem Sammeln angefangen hat, bleibt sie bei diesem Flug auch dabei, ohne den Verlockungen anderer Blüten zu erliegen. Deshalb ist ihre Bestäubung besonders effektiv.

Brutnest: Hier legt die Königin ihre Eier, die sich zu Larven und schließlich zu Bienen entwickeln. Die Temperatur im Brutnest liegt gleichmäßig zwischen 35 und 36 Grad Celsius – unabhängig von der Außentemperatur. Das Brutnest wird immer in der Nähe des Fluglochs angelegt.

Brutraum: der Bereich, in dem sich das Brutnest befindet. Konventionell arbeitende Imker nutzen ein Absperrgitter, um Brutraum und Honigraum voneinander zu trennen.

Dadant: Dadant ist ein Rähmchenmaß und auch eine bestimmte Beute, die bei Hobbyimkern und Berufsimkern beliebt ist, weil sie leicht zu handhaben ist. Dadant ist die einzige Magazinbeute, deren Rähmchen groß genug sind, um einen befriedigenden Naturwabenbau zu ermöglichen. Deshalb wird sie hin und wieder auch von wesensgemäß arbeitenden Imkern verwendet, vor allem von Berufs- und Nebenerwerbsimkern.

Deckelwachs: Bienen schließen Zellen mit einem Deckel aus Wachs ab. Ein luftdurchlässiger Deckel kommt auf die Larven, die sich verpuppen wollen, ein luftundurchlässiger auf den fertigen Honig.

Deutsch Normalmaß: ein bestimmtes Rähmchenmaß in der Magazinimkerei, das in den 1950er-Jahren eingeführt wurde und die wichtigsten Rähmchenmaße zusammenführte.

Drohnenrahmen: Leerrahmen, der von konventionell arbeitenden Imkern verwendet wird, damit die Bienen nur dort Drohnenbrutzellen bauen, die dann mitsamt »Inhalt« entfernt werden.

Flugloch: die Ein- und Ausgangspforte der Bienenbehausung. Meistens ist es kein Loch, sondern eher ein schmaler Schlitz, an dem die Wächterinnen kontrollieren, wer hereinwill. Die genaue Fluglochbeobachtung gibt dem erfahrenen Imker viele Hinweise auf den Zustand des Bienenvolks.

Hinterbehandlungsbeute: Diese Bienenwohnung ähnelt einem kleinen Schrank. Anders als die Magazinbeute wird sie von der Rückseite aus bedient. Ihre Größe ist fest vorgegeben und nicht variabel.

Höseln: das Sammeln von Blütenpollen an den Hinterbeinen, wodurch Pollenhöschen entstehen

Honigraum: der Bereich, in dem der Honig gelagert wird; bei konventionell arbeitenden Imkern ein Extraaufsatz

Honigtau: von Läusen erzeugter süßer Rohstoff, aus dem Bienen Waldhonig machen

Jungvolk: jede Art von neuem Bienenvolk im ersten Jahr seines Bestehens

Kaltbau: alter, aber noch häufig verwendeter Begriff für Längsbau. Die Waben sind längs zum Flugloch hin ausgerichtet.

Kellerhaft: Ein natürlicher Schwarm oder ein Kunstschwarm sollte vorübergehend zur Beruhigung kühl und dunkel gehalten werden.

Kittharz, Knospenharz: andere Begriffe für Propolis (s. S. 72)

Langstroth: ein Rähmchenmaß

Mädels: So nennen viele Imker liebevoll ihre Bienen.

Milbenfall: tot abgefallene Varroamilben. Es wird unterteilt in natürlichen Milbenfall und Milbenfall nach Behandlung.

Mittelwand: Platte aus geschmolzenem Altwachs mit sechseckiger Zellprägung als »Bauvorgabe« für die Bienen. Wird bei wesensgemäß arbeitenden Imkern auf keinen Fall im Brutnest verwendet.

Mobilbau: Normalerweise bauen Bienen ihre Waben fest an den Wänden eines Hohlraums an (Stabilbau). Das bedeutet jedoch, dass man die Waben ausschneiden und zerstören muss, um Honig zu ernten. Rähmchen aus Holz, in die die Bienen ihre Waben bauen, kann man komplett entnehmen, ohne den Wabenbau zu zerstören.

Nachschaffung: Wenn die Königin verloren gegangen, aber noch Brut vorhanden ist, bauen die Bienen mehrere Arbeiterinnenbrutzellen zu runden Königinnenbrutzellen um und füttern die jungen Larven darin, aus denen eigentlich Arbeiterinnen werden sollten, mit Gelée royale. So werden diese zu »Notköniginnen«, das heißt zu aus der Not geborenen Königinnen. Anders als normale Königinnenbrutzellen, die unten an der Wabe hängen, sitzen diese Nachschaffungszellen mitten auf der Wabe.

Naturwabenbau: Bienen schwitzen winzige Wachsschüppchen aus und formen daraus zunächst meist herzförmige Waben mit sechseckigen Zellen. Frischer Naturwabenbau ist schneeweiß und hauchzart. Der Naturwabenbau ist eines der wesentlichen Merkmale der wesensgemäßen Bienenhaltung, da der Bautrieb einer der Urinstinkte des Bienenvolks ist.

Pollenfalle: eine Vorrichtung meist vor dem Flugloch, durch die den heimkommenden

OBEN: Bei den Dadant-Magazinen sind Brut- und Honigraum unterschiedlich groß.

Bienen die Höschen ausgezogen werden, das heißt der gesammelte Pollen abgestreift wird

Propolis: auch Kitt- oder Knospenharz genannt. Er wird von den Bienen von Baumknospen gesammelt und dient im Bienenvolk der Abdichtung von Ritzen und der Gesunderhaltung, etwa durch Einbalsamierung eingedrungener und getöteter Schädlinge. Propolis wirkt gegen Bakterien und Pilze.

Rähmchen: ein Holzrahmen, in den die Bienen ihre Waben bauen. Entweder frei im Naturwabenbau oder auf Mittelwänden, die der Imker eingelötet hat. Durch die Erfindung der Rähmchen vor etwa 150 Jahren wurde der Mobilbau möglich. Es gibt verschiedene Rähmchenmaße.

Reinigungsflug: Bienen gehen während des Winters nicht aufs Klo, weil sie unter zehn Grad Celsius nicht fliegen können. Um ihre Kotblase zu entleeren, unternehmen sie bei den ersten wärmeren Temperaturen einen Reinigungsflug.

Schied, auch Trennschied: eine Vorrichtung, mit der man die Bienenwohnung je nach Größe und Stärke des Volks größer oder kleiner machen kann. Das Schied besteht aus Holz oder aus Stroh.

Schwarm: die natürliche Vermehrung eines Bienenvolks, meist im Mai/Juni. Die alte Königin zieht mit einem Teil des Volkes aus, wenn es zu groß geworden ist, und macht Platz für die Nachfolgerin.

Schwarmtraube: Wenn die alte Königin in der Schwarmzeit aus der Beute ausgezogen ist und sich beispielsweise an einem Ast niedergelassen hat, bilden die Bienen um sie herum die sogenannte Schwarmtraube.

Smoker: ein Gerät, mit dem der Imker Rauch erzeugt, um die Bienen abzulenken. Durch den Rauch ziehen sich die Bienen in die Wabengassen zurück und füllen sich rasch den Honigmagen.

Sterzeln: Die Bienenvariante von »Schwänzchen in die Höh'«: Bienen heben den Hinterleib (Sterz) und legen ihre Duftdrüse frei, indem sie die darüber liegende Hautschuppe öffnen. Die aus den Drüsen austretenden Pheromone, die den Stockduft prägen, fächeln sie mit ihren Flügeln in die gewünschte Richtung. Bienen sterzeln oft nachmittags rund um das Flugloch und weisen so ihren von der Sammeltour heimkehrenden Geschwistern den Weg nach Hause. Aber auch nachdem ein Schwarm frisch in eine Beute eingezogen ist, sterzeln die Bienen, um ihren noch in der Luft befindlichen Geschwistern zu sagen: »Hier sind wir!«

Stifte: Bieneneier

Stockmutter: Bienenkönigin

Tracht: Nektar oder Honigtau, der von den Bienen von Blüten oder im Wald eingesammelt wird

Tüten und Quaken: Die erste geschlüpfte Jungkönigin gibt ein helles Tüten von sich. Die jungen Königinnen, die noch in den Zellen stecken, antworten ihr mit einem dumpfen Quaken. Solange es im Stock tütet, verlässt keine Jungkönigin ihre Zelle.

Varroamilbe: ein gefährlicher, aus Asien eingeschleppter Parasit, der Bienenbrut und erwachsene Bienen gleichermaßen schädigt, indem er »Blut« saugt. Die Varroamilbe muss vom Imker bekämpft werden, sonst stirbt das Bienenvolk.

Wabengasse: der Raum zwischen den Waben in einer Beute

Warmbau: alter, aber noch gebräuchlicher Begriff für Querbau. Das heißt, die Waben sind quer zum Flugloch ausgerichtet.

Weisel (die): anderer Name für die Bienenkönigin

weiselrichtig: Ein Bienenvolk mit einer Königin, die befruchtete Eier legt, wird »weiselrichtig« genannt.

Weiselzelle, Weiselwiege: besonders geformte, nach unten hängende Zelle, in der die junge Königin heranwächst

Wildbau: anders als Naturwabenbau in Rähmchen völlig freier Bau der Bienen – an Dachrinnen, in Baumhöhlen oder wo immer es den Bienen geeignet erscheint

Wintertraube: Bienen kuscheln sich im Winter eng aneinander, um sich zu wärmen.

Wirtschaftsvolk: ein Volk im zweiten Jahr, von dem unter normalen Umständen Honig, Wachs und Propolis geerntet werden können

Zadant: ein Rähmchenmaß; eine »Mischung« aus Zander (dieselbe Breite) und Dadant (dieselbe Höhe)

Zander: ein flaches, vor allem in Süddeutschland verbreitetes Rähmchenmaß

Zarge: eine Etage (Magazin) einer sogenannten Magazinbeute, quasi eine Kiste ohne Boden und Deckel

Zelle: die kleinste Einheit einer Wabe, sechseckig geformt, in der der Nachwuchs heranwächst und Vorräte gelagert werden

Zu Besuch bei Markus Hilfenhaus

Bienen, Kunst
und Bildhauerei

OBEN: Markus Hilfen-
haus mit dem Weißen-
seifener Hängekorb

Bienen sind Künstler. Diesen Eindruck gewinnt man sofort, wenn man das erste Mal eine hauchzarte Naturwabe mit ihren gleichmäßigen Sechseckzellen sieht. Es gibt aber auch Imker, die Künstler sind. Oder Künstler, die imkern. Markus Hilfenhaus ist einer davon.

Er ist Steinmetz und Steinbildhauer und seit zwölf Jahren Imker. Wobei die Imkerei nicht nur mit zu den Einkünften der Familie bei-trägt, sondern auch eine echte Leidenschaft für Markus Hilfenhaus geworden ist. Seit er im Weißenseifener Hängekorb imkert, hat au-ßerdem die Verbindung von Bienen und Kunst nochmals zusätzli-che Bedeutung für ihn gewonnen. Anders als viele andere hat Markus Hilfenhaus nicht mit der konventionellen Imkerei angefan-gen, sondern gleich wesensgemäß gearbeitet, weil sein Lehrer ein Demeter-Imker war. »Ich konnte mir jahrelang gar nichts anderes vorstellen«, sagt er. Inzwischen ist er seit vier Jahren Vorstand eines klassischen Imkervereins. Er gibt jedoch offen zu, dass ihm man-che Vorgehensweise beim konventionellen Imkern immer noch fremd ist und dass er bei gezielten Fragen dazu lieber einen seiner Kollegen empfiehlt.

Die meisten seiner Bienenvölker hat er knapp zwei Kilometer außerhalb seines Wohnorts in der Fränkischen Schweiz auf einem zweieinhalb Hektar großen Grundstück, das mit Obstbäumen, Gemüseanbau und Schafen auch der Selbstversorgung der Familie dient. Ein ländliches Idyll wie aus dem Bilderbuch. Zu den verschiedenen Beuten, in denen seine Bienen leben, kam mit dem Weißenseifener Hängekorb Anfang 2013 eine ganz besondere hinzu. Diese moderne Variante eines Bienenkorbs wurde in den 1980er-Jahren von dem Bildhauer und Imker Günther Mancke in der Künstlerkolonie Weißenseifen in der Eifel entworfen. Der Korb, der der natürlichen Form des Bienenvolks nachempfunden ist, hat sich über die ganze Welt verbreitet und erlebt zurzeit einen regelrechten Boom. Auch in England, Indien und den USA ist der Weißenseifener Hängekorb zu finden. »Viele Menschen sehnen sich nach einer bienengerechten Haltung«, sagt Markus Hilfenhaus. »Und da spielt natürlich auch dieser Korb eine besondere Rolle.« Anders als beim klassischen Bienenkorb – wie etwa dem auf zahlreichen Etiketten von Honiggläsern abgedruckten »Lüneburger Stülper« – hängen die Waben an mobilen Bogenrähmchen, sodass sie für die Honigernte nicht zerstört werden müssen.

Der Korb, den Markus Hilfenhaus selbst gebaut und an Seilen aufgehängt hat, weckt bei Imkern in der Nachbarschaft vor allem das Interesse an technischen Details. Nichtimker dagegen stehen tief berührt davor. Ein Besucher aus Kroatien faltete gar die Hände und sagte: »It's holy – das ist heilig.« Kein Wunder, dass der Korb auch einen Künstler wie Markus Hilfenhaus anspricht. »Die Wirkung der Form ist faszinierend; das räumliche Erlebnis, wie der Korb frei im Raum hängt, hat wirklich etwas Erhabenes«, sagt er.

Aber auch ein anderer Aspekt ist wichtig für ihn: »Mit normalen Rähmchen hat man vom Bienenvolk ein Bild in vielen Scheibchen, wie in einer Computertomografie. Dadurch verliert man oft den Eindruck des Ganzen. Beim Korb dagegen ist schon von außen ablesbar, was innen drin ist.«

OBEN: Ober- und Unterteil des Hängekorbs lassen sich getrennt abnehmen.

Was brauche ich an Ausrüstung?

So mancher würde gerne selbst Bienen halten, schreckt aber vor der Anschaffung einer teuren Ausrüstung zurück. Doch erstens braucht man zumindest als Hobbyimker gar nicht so viel, und zweitens kann man vieles davon auch gebraucht kaufen, zum Beispiel von einem Imker, der altershalber aufhört. Sie sollten sich jedoch vorher gut überlegen, in welcher Beute und in welcher Form Sie

imkern möchten. Durch die unterschiedlichen Systeme und Rähmchenmaße kann es nämlich recht aufwendig sein umzustellen oder eine komplette Neuanschaffung erfordern. Wenn Sie ein oder zwei Imkerkurse belegt und sich auch in der Imkerszene ein wenig umgehört haben, sollten Sie einschätzen können, was für Sie am ehesten infrage kommt. Und wichtig: Lassen Sie sich nicht verwirren, wenn Ihnen zu viele Fachbegriffe um die Ohren schwirren. Das legt sich schon bald, und das allerletzte Detail brauchen Sie am Anfang noch gar nicht zu wissen. Die verschiedenen Beuten und ihre Merkmale, Vor- und Nachteile lernen Sie ab der nächsten Seite kennen. Eine gewisse Grundausrüstung braucht jedoch jeder Imker, unabhängig von seiner Art zu imkern oder von der Beute, die er nutzt.

Smoker, Stockmeißel und Besen

Vielleicht gehören Sie auch zu den Leuten, die beim Begriff »Imker« als Erstes eine Art Astronauten mit weißem Schutzanzug, Imkerschleier und Handschuhen vor sich sehen. Und es kann gut sein, dass Sie sich mit solch einer Ausrüstung wohler fühlen. In der Anfangszeit, aber auch, wenn die Bienen oder Sie nervös sind, hilft Ihnen der Schleier, sich vor ebenso schmerzhaften wie wenig schönheitsfördernden Stichen im Gesicht zu schützen. Unbedingt nötig ist er jedoch nicht. Vor allem wesensgemäß arbeitende Imker finden überhaupt nichts dabei, im T-Shirt zu ihren Bienen zu gehen, und daraus, dass ihre Zahl eher zu- als abnimmt, kann man mit Recht schließen, dass sie das ohne Gefahr für Leib und Leben tun können. Bienen sind in der Regel nicht stechlustig. Es spielt jedoch eine Rolle, wie der Mensch mit ihnen umgeht. Und zwar nicht nur, was die Art der Haltung betrifft, sondern auch die Gelassenheit am Bienenstand in Verbindung mit einer gewissen Sicherheit. Das heißt nun nicht, dass alte Hasen gar nicht mehr gestochen würden. Wenn die Bienen frisch gefüttert wurden oder wenn Gewitterstimmung in der Luft liegt, kann es schon sein, dass sie schlecht gelaunt reagieren. Bienen sind zwar Nutztiere und begleiten den Menschen seit vielen tausend Jahren, aber sie sind eben immer noch in erster Linie Tiere, die nicht domestiziert sind.

Mit dem Smoker erzeugen Sie Rauch, der die Bienen dazu bringt, sich in die Wabengassen zurückzuziehen. Imker, die ihre Bienen gut kennen und auch ihren Bienen gut bekannt sind, vergessen den Smoker hin und wieder schon am ersten Bienenstock, weil sie ihn gar nicht brauchen.

Der Stockmeißel ist ein Metallwerkzeug, das Ihnen dabei hilft, die oft in der Beute festgeklebten Rähmchen zu lösen. Schuld am Kleben ist weniger der Honig, der von den Bienen fein säuberlich verschlossen in den Zellen gelagert wird, sondern vielmehr die Propolis. Dieses Kittharz dient dazu, Ritzen und Löcher in der Beute abzudichten, was eben auch dazu führt, dass die Rähmchen ein wenig festhängen.

Den Besen — meist ein flacher Handbesen mit oder ohne Griff — brauchen Sie, um die Bienen von den Waben zu fegen, beispielsweise zur Honigernte. Für den Großteil der Bienen genügt schon eine ruckartige Abwärtsbewegung der Rähmchen, damit sie von der Wabe fallen, doch ein paar sind hartnäckiger, und in diesen Fällen leistet der Besen gute Arbeit.

Als Nächstes brauchen Sie eine Beute. Wie bereits erwähnt, sollten Sie sich zu Beginn gut überlegen, wie Sie imkern möchten, da eine spätere Umstellung immer mit Aufwand verbunden ist. Zudem ist die Bienenwoh-

OBEN: Der Honigraum befindet sich bei Magazinbeuten in den oberen Zargen.

nung das zentrale Element jeder imkerlichen Betriebsweise. Von der Behausung hängt letzlich ab, wie oft und wie tief ins Volk eingegriffen werden muss, und auch, welche Imkereitechnik verwendet wird.

Magazinbeute

Imker, die konventionell arbeiten, verwenden in aller Regel Magazinbeuten – in Süddeutschland meist aus Holz, im Norden eher aus Kunststoff. Magazinbeuten bestehen aus mehreren Etagen. Ganz unten ist ein Gitterboden, der für gute Belüftung sorgt und eine Diagnose des Varroabefalls ermöglicht, da die toten Milben hindurchfallen und sich am Boden sammeln. Darüber befinden sich die Brutraumzargen. Es folgt ein Absperrgitter, das die Königin im Brutraum halten soll, dann kommt der Honigraum beziehungsweise kommen je nach Trachtverhältnissen die Honigräume. Darüber ist dann eventuell eine Folie, auf der der Innendeckel liegt, und das Ganze wird zum Schutz vor der Witterung mit einer Blechhaube abgedeckt.

Je nach Magazinbeutentyp gibt es unterschiedliche Rähmchenmaße, obwohl eines der Ziele der konventionellen Imkerei eine Standarisierung ist. Aber es ist in der Imkerei wie überall: Jeder hat seine Vorlieben. Die wichtigsten Rähmchenmaße heißen Deutsch Normal (vor allem in Norddeutschland zu finden), Zander (hauptsächlich in Süddeutschland verbreitet), Dadant und Langstroth. Sämtliche Maße gibt es wiederum in unterschiedlichen Varianten und Größen. Das Langstroth-Maß ist weltweit sehr verbreitet, in Deutschland dagegen eher selten. Dadant ist auch die Bezeichnung für eine Beute und hat das größte Rähmchenmaß. Sie ist die einzige Magazinbeute, in der ein befriedigender Naturwabenbau möglich ist. Der Brutraum ist nicht geteilt. Deshalb ist sie bei wesensgemäß arbeitenden Berufs- und Nebenerwerbsimkern recht beliebt. Im Honigraum kommen kleinere Rähmchenmaße zum Einsatz, sodass man mit weniger Gewicht hantieren muss.

Warrébeute

Die Warrébeute ist ein Vorläufer der Magazinbeute und ermöglicht Naturwabenbau an Leisten. Die Warrébeute ist heutzutage wieder etwas in Mode gekommen. Allerdings wird sie in der Regel nicht in der extensiven Form bewirtschaftet, wie sie von ihren Erfindern konzipiert wurde.

Trog- und Lagerbeuten

Trog- und Lagerbeuten sind für die extensive Bienenhaltung geeignet und werden von Imkern genutzt, denen es nicht in erster Linie auf hohen Honigertrag ankommt.

Bei der Golz-Beute und der Bremer Beute liegen Honig- und Brutraum auf derselben Ebene. Trennschiede verkleinern oder vergrößern nach Bedarf den zur Verfügung stehenden Raum. Man muss keine schweren Zargen heben, was den Rücken schont. Sie bieten eine schnelle und gute Übersicht über das Volk. Ihr Nachteil: Sie sind relativ teuer und brauchen viel Stellfläche.

Die Mellifera-Einraumbeute, eine moderne Trogbeute, wurde für die wesensgemäße und extensive Bienenhaltung entwickelt, bei der es nicht in erster Linie auf hohen Honigertrag ankommt. Das Volk befindet sich in einem einzigen Raum und wird nicht auf verschiedene Zargen aufgeteilt; auch die Königin kann sich frei im Volk bewegen. Die Beute verwendet große Hochwaben, die von oben eingehängt werden. Es gibt keinen eigenen Honigraum, sondern die Bienen lagern den Honigüberschuss neben dem Brutnest, das sie selbst ausschließlich im Naturwabenbau errichten. Wenn man Brutnestwaben entnehmen muss, braucht man dazu nicht erst Honigräume abzunehmen. Das ist sehr rückenfreundlich. Da man weniger intensiv zugreifen muss, wird das Bienenvolk weniger gestört. Ein Trennschied passt die Beute der Volksgröße an.

Top Bar Hive

Diese Trogbeute, die wegen ihrer einfachen Bauart in Entwicklungsländern verbreitet ist, hat auch in Deutschland Freunde gefunden. Hier wird mit Naturwabenbau an Leisten ge-

OBEN: Beim Sterzeln mit angehobenem Hinterleib verbreiten die Bienen den Stockduft.

arbeitet. Der Platz fürs Bienenvolk wird mit einem Trennschied an die aktuellen Bedürfnisse angepasst. Da die Beute schräge Seitenwände hat (sie ist oben breiter als unten), bauen die Bienen ihre Waben nicht so sehr an den Wänden an. Ein Nachteil ist, dass es gelegentlich zu Wabenabrissen kommen kann. Die Beute kommt mit sehr geringem technischem Aufwand aus. Damit ist sie gut für Menschen geeignet, die die Selbstversorgung im Haus- oder Kleingarten im Auge haben, die Natur beobachten und die Bestäubung im eigenen Garten sichern wollen. Die Top Bar Hive ist gut für die Schwarmbetriebsweise und damit für eine wesensgemäße Bienenhaltung geeignet.

Bienenkiste

Die Bienenkiste ist für eine sehr extensive Betriebsweise gedacht und besonders gut für die Stadtimkerei geeignet, wo ein durchweg gutes Blütenangebot herrscht. Sie ist eine große, flache Beute, in der man das gesamte Bienenvolk auf einen Blick sehen kann, was für Laien ebenso wie für Magazinimker ein beeindruckender Anblick ist. Sie ist weder fürs Wandern noch für die Aufstellung in großflächigen Monokultur-Massentrachten vorgesehen. Da die Bienen auf ihrem eigenen Honig überwintern, kann auch starke Waldtracht ein Problem sein, da Waldhonig wegen seines hohen Mineralstoffgehalts bei den Bienen Durchfall auslösen kann. Die Waben werden von den Bienen nicht direkt an das Kistendach angebaut, sondern an mit Anfangsstreifen aus Wachs versehenen Oberträgern. Auf diese Weise können die Waben zerstörungsfrei entnommen werden. In den vorderen zwei Dritteln der Bienenkiste befinden sich das Brutnest und Waben mit Überwinterungshonig. Was die Bienen dort bauen, bleibt während der ganzen Lebensdauer des Wabenwerks unangetastet. Im hinteren Drittel ist der Honigraum, der nur während der Trachtzeit Waben enthält. Die Honigwaben können ebenso wie die Brutwaben an den Oberträgern entnommen werden. Wenn der Honigraum leer ist, kann man ihn zum Füttern und zur Ameisensäurebehandlung nutzen.

Die Inspektion macht man meistens von unten. Dazu wird die Bienenkiste auf die Schmalseite gekippt und mit einem Ständer abgesichert. Wenn man das Bodenbrett abnimmt, sieht man die Wabenunterseiten. In der Bienenkiste arbeitet man immer mit der Schwarmbetriebsweise.

Bienenkorb

Der klassische Bienenkorb, mit dem Imker immer noch gerne Werbung macht, weil er so schön aussieht, ist der Lüneburger Stülper. Es gibt heute jedoch nur noch ganz wenige Imker, die damit arbeiten, weil er Spezialwissen erfordert und keine große Honigernte

OBEN: Den klassischen Bienenkorb, den Lüneburger Stülper, findet man heute nur noch selten.

ermöglicht. Ein moderner Bienenkorb ist der Weißenseifener Hängekorb, der vom Bildhauer und Imker Günther Mancke entwickelt wurde und der der natürlichen Form des Bienenvolks sehr nahekommt. Anders als ein klassischer Bienenkorb, in dem die Waben fest angebaut werden (Stabilbau), ist er eine Übergangsform zwischen Stabil- und Mobilbau. Die Naturbauwaben hängen an runden Oberträgern, die auf einer Platte mit rundem Loch aufsitzen. Der eigentliche Korb besteht aus einem Ober- und einem Unterteil, die beide getrennt entfernt werden können. Wie die Bienenkiste ermöglicht er den Blick auf das ganze Volk.

Wie komme ich an Bienen?

Mit etwas Glück finden Sie einen Imker, der altershalber aufgibt, und können seine Bienen und seine Ausrüstung übernehmen. Es kann aber sein, dass Ihnen seine Art zu imkern nicht zusagt, und bei einer kompletten Übernahme wären Sie wegen der Beutenart und der Rähmchenmaße gebunden. Eine Umrüstung ist nicht ohne Weiteres möglich.

Wer Mitglied in einem Imkerverein wird, bekommt meist ein Bienenvolk mitsamt den Waben geschenkt. Völker bekommt man außerdem über Anzeigen in Fachzeitschriften oder inzwischen auch über das Internet. Dies sind jedoch in der Regel vom Imker gemachte Ableger und keine natürlichen Schwärme. Ob man so etwas mag oder einen natürlichen Schwarm bevorzugt, muss man selbst entscheiden. Auf alle Fälle empfiehlt es sich,

UNTEN: Wer Bienen mitsamt Rähmchen übernimmt, ist in der Betriebsweise eingeschränkt.

einen erfahrenen Imker beim Schwarmkauf mitzunehmen, der kontrolliert, ob das Volk gesund, stark und »weiselrichtig« ist. Wer ein Volk verkauft, muss übrigens ein amtliches Gesundheitszeugnis vorlegen.

Gegenüber einem Bienenvolk mit seinen gesamten Waben bietet ein Bienenschwarm mehrere Vorteile. Der Schwarmtrieb ist nicht nur der natürliche Geburtsvorgang eines Bienenvolks, sondern dient auch dessen Reinigung. Die Varroamilbe beispielsweise befindet sich größtenteils in den Wabenzellen und nicht auf den Bienen, das heißt, dass die meisten Milben beim Auszug eines Schwarms zurückbleiben. Dasselbe trifft auf Krankheiten zu, bei denen die Waben ebenfalls Träger sind. Bienenschwärme bekommen Sie über Anzeigen in der Imkerfachpresse oder über die Schwarmbörse im Internet (www.schwarmboerse.de). Hier können Sie nachschauen, ob in Ihrer Nähe gerade ein Bienenschwarm zu haben ist – sei es, weil ein Imker einen übrig hat oder weil einer herrenlos gefunden wurde. Anfänger werden bevorzugt behandelt, wenn Schwärme zu vergeben sind. Schwärme werden entweder preiswert abgegeben oder zum Teil sogar verschenkt.

Kosten für Imkerausrüstung

Man kann richtig viel Geld für eine Imkerausrüstung ausgeben, muss es aber nicht. Dabei kommt es nicht nur darauf an, ob man man-che Dinge gebraucht im Internet oder von einem anderen Imker kauft, sondern auch darauf, was man wirklich braucht. Und das wiederum ist davon abhängig, wie man imkert und worauf man Wert legt. Nachfolgend zwei Beispiele für die extrem extensive Betriebsweise »Bienenkiste« und für eine klassische Magazinimkerei. Beides kann aber nur ein grober Anhaltspunkt sein.

UNTEN: Traubenförmig hängen Schwarmbienen an einem Ast, in ihrer Mitte die Königin.

OBEN: Mit dem Smoker bringt man Bienen dazu, sich in die Wabengassen zurückzuziehen.

Anschaffungskosten am Beispiel Bienenkiste

Durch die sehr extensive Betriebsweise ist der finanzielle Aufwand geringer als bei der Magazinimkerei. Man braucht vor allem keine teure Ausrüstung für die Honigernte. Eine Bienenkiste kostet 245 Euro. Wer handwerklich geschickt ist, kann Geld sparen, indem er sie selbst aus Holzresten baut oder einen Bausatz kauft. Statt eines Imkerblousons kann man eine Jacke mit langen Armen und eng anliegenden Bündchen anziehen. Und wer einen alten Hut und ein Fliegennetz oder Ähnliches hat, kann sich notfalls auch einen Gesichtsschleier selbst machen. Wer Blouson und Gesichtsschleier kaufen möchte, muss dafür mit Kosten von etwa 70 Euro rechnen (50 Euro für den Blouson, 20 Euro für den Schleier). Die Mittelwände für Honigwaben in Bioqualität (etwa 20 Euro) sind die einzigen Dinge, die man in jedem Fall kaufen muss. Das Wachs geht aber nicht verloren und kann später zum Beispiel zu Kerzen oder neuen Mittelwänden verarbeitet werden. Ein Smoker kostet etwa 25 Euro. Einen Bienenschwarm bekommt man dagegen in der Regel umsonst oder gegen eine kleine Aufwandsentschädigung, wenn man sich bei Imkervereinen und Imkern in der Nachbarschaft umhört oder in der Schwarmbörse einträgt. Um einen Schwarm einzulogieren, sollte man einen Wasserzerstäuber haben (das kann auch ein einfacher Blumensprüher sein). Er verringert das Risiko, dass die Bienen zu schnell auffliegen.

Wer also ganz neu anfängt und sich die gesamte Ausrüstung zulegen muss, kommt ungefähr auf folgende Kosten: 245 Euro pro Bienenkiste sowie 100 Euro an Ausrüstung. Hinzu kommen jährlich laufende Kosten (z. B. für Varroabehandlung) von etwa 25 Euro. Manchmal kommen noch Beiträge für die Tierseuchenkasse und Versicherungsbeiträge hinzu.

Da bei der Bienenkiste im Gegensatz zur Magazinbeute keine Zargen und Rähmchen gelagert werden müssen und keine Honigschleuder benötigt wird, ist auch kein Lagerraum notwendig. Wenn der Standort gut ist, kann man pro Bienenvolk und Jahr etwa 15 Kilogramm Honig in bester Qualität und etwa 750 Gramm Bienenwachs ernten.

Anschaffungskosten am Beispiel normale Magazinbeute

Entscheidet man sich für die konventionelle Imkerei beziehungsweise für eine normale Magazinbeute, entstehen folgende Kosten: 80 bis 120 Euro für die Magazinbeute, 200 Euro für ein Bienenvolk mit je zehn Waben (oder man bekommt es beim Eintritt in den Imkerverein geschenkt), 10 Euro für Mittelwände à ein Kilogramm, etwa 25 Euro für den Smoker, 10 Euro für den Stockmeißel, 4 Euro für einen Abkehrbesen, 20 Euro für einen Imkerschleier mit Hut (oder man verwendet einen selbst gemachten Ersatz), 50 Euro für den Imkeranzug (oder man benutzt eine lange Hose und eine Jacke mit langen

OBEN: Die Bienen haben ihr Wabenwerk im Naturwabenbau an einem Oberträger errichtet.

Ärmeln und gut schließenden Bündchen), 15 Euro für Imkerhandschuhe und ungefähr 10 Euro für einen Wassersprüher oder Wasserzerstäuber (wenn nicht bereits vorhanden). Insgesamt kommt man so auf etwa 200 bis 400 Euro.

Man sollte jedoch nicht nur mit einem Volk beginnen, sondern besser mit zwei oder drei Völkern, was einen Teil der Kosten erhöht (für die Beute und das Bienenvolk). Denn es besteht bei der Bienenhaltung immer das Risiko, dass ein Volk nicht durch den Winter

kommt. Mit nur einem Volk müsste man dann ganz von vorn anfangen. Die Verbrauchskosten pro Jahr liegen bei etwa 30 Euro (Mittel zur Behandlung gegen Varroa, Mittelwände, neue Rähmchen). Je nach Standort muss man auch noch mit Kosten für den Zucker zur Auffütterung rechnen. In der Bienenkiste überwintern die Bienen dagegen auf eigenem Honig.

Kosten für die Honigernte

Wenn Sie Tropfhonig oder Presshonig machen, was für Bienenkistenimker typisch ist, reicht eine Entdeckelungsgabel (11 Euro) völlig aus. Eventuell können Sie sich zur Arbeitserleichterung für den Presshonig eine Saftpresse anschaffen (Kosten können je nach Modell sehr unterschiedlich sein). Zum Filtern können Sie ein feines Sieb und als Feinfilter einen sauberen Nylonstrumpf nehmen. Außerdem brauchen Sie noch Gläser zum Abfüllen des Honigs (25 bis 50 Cent pro Stück im Einkauf).

Wenn Sie schleudern möchten, sollten Sie sich erkundigen, ob für den Anfang die Möglichkeit besteht, die Honigernte bei einem anderen Imker zu verarbeiten. Für die Anschaffung einer eigenen Honigschleuder müssen Sie mit Kosten zwischen 300 und 650 Euro rechnen. Ein Entdeckelungsgeschirr (ein schräger Ständer zum Anlehnen der Rähmchen mit Auffangwanne darunter) kostet etwa 110 Euro. Hinzu kommen ein Honigsieb (Edelstahl) zu 30 Euro, eventuell ein

Rührgerät für den Honig, damit der Honig cremig wird (das gilt auch für Tropf- oder Presshonig) zum Preis von etwa 30 Euro. Und schließlich noch Honigeimer aus Kunststoff (pro Stück etwa 7 Euro) und Honiggläser (pro Stück 25 bis 30 Cent).

Zeitaufwand

Der tatsächliche Zeitaufwand hängt davon ab, ob Sie extensiv oder eher intensiv arbeiten. Außerdem natürlich davon, wie viele Völker Sie haben, wo diese stehen – und auch, wie viel Zeit Sie sich nehmen wollen. Sie werden mit einiger Wahrscheinlichkeit feststellen, dass Sie bald länger bei Ihren Bienen sind, als Sie eigentlich müssten, und die Zeitdauer mit wachsender Faszination tendenziell immer länger wird.

Mit einer Bienenkiste, die für die sehr extensive Bienenhaltung gedacht ist, brauchen Sie übers Jahr gesehen etwa acht bis zwölf Stunden. Sonst kann man als grobe Faustregel sagen, dass Sie in der Bienensaison etwa einmal pro Woche nach Ihren Völkern sehen sollten. Im Winter reicht es, einmal im Monat von außen einen Blick auf die Beuten zu werfen. So kann man beispielsweise sehen, ob die Bienen gestört wurden (Waschbären lieben Honig), oder lauschen, ob sich das Volk ruhig anhört oder ob es Zeichen von Aufregung gibt. Öffnen sollte man die Beute im Winter lieber nicht. Denn die Bienen brauchen enorm viel Energie (mit Honig als Brennstoff), um sich warm zu halten. Da ist ein kalter Luftzug ebenso wenig erwünscht wie bei uns Menschen, auch wenn die Bienen nicht den Raum selbst heizen, sondern die Wintertraube, zu der sich das Volk während des Winters zusammenkuschelt. Den Winter kann man nutzen, um etwa beschädigte Beuten oder Rähmchen zu reparieren oder Bienenwachskerzen zu gießen.

Mögliche Standorte für die Bienenwohnung

Bei der Standortwahl sollten drei Dinge berücksichtigt werden: Was will das Bienenvolk, was wollen die Nachbarn und was will der Imker? Gut ist, wenn im Umkreis von etwa zwei Kilometern das ganze Bienenjahr über ein gutes Nektar- und Pollenangebot vorhanden ist. Das ist heutzutage fast nur noch in den Städten der Fall. Bienen können allerdings auch bis zu zehn Kilometer fliegen, wenn es nötig ist, doch das kostet natürlich mehr Zeit und Kraft. Die Bienenwohnung sollte dort stehen, wo der Schnee am schnellsten schmilzt und im Winter die Mittagssonne hinscheint. Im Sommer sollten die Bienen dagegen vor der heißen Mittagssonne geschützt sein (zum Beispiel durch Sträucher). Von der Morgensonne hingegen lassen sich die Bienen gerne wach küssen. Außerdem sollte die Beute vor kalten Winden geschützt sein. Wer gutwillige Nachbarn hat, kann Bienen sogar auf dem Balkon halten. Die Bienen schätzen die luftige Höhe.

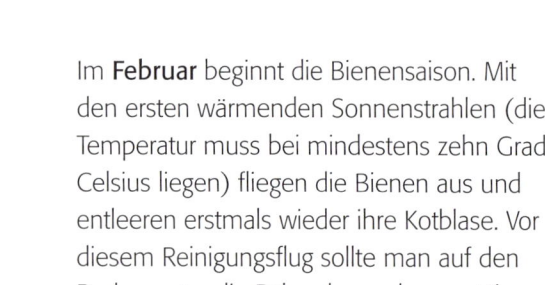

Mit den Bienen durchs Jahr:
Was macht man wann?

Im **Februar** beginnt die Bienensaison. Mit den ersten wärmenden Sonnenstrahlen (die Temperatur muss bei mindestens zehn Grad Celsius liegen) fliegen die Bienen aus und entleeren erstmals wieder ihre Kotblase. Vor diesem Reinigungsflug sollte man auf den Boden unter die Rähmchen schauen. Hier findet sich alles, was die Bienen fallen lassen. Das hilft bei einer ersten Einschätzung, wie das Volk durch den Winter gekommen ist. Wenn die Bienenkönigin überlebt hat, beginnt sie Eier zu legen, und die Arbeiterinnen pflegen die frühe Brut. Zunächst einmal ist die Zahl der Bienen leicht rückläufig, das Brutnest jedoch wächst. Obwohl man als Mensch noch kaum etwas sieht, kommen die Bienen bei günstigem Wetter schon mit dicken Pollenhöschen zurück und weisen ihre Kolleginnen durch den Schwänzeltanz darauf hin, wo es sich lohnt hinzufliegen. Die Pollenhöschen zeigen an, dass die Königin mit der Eiablage begonnen hat und es ein neues Brutnest gibt.

Im **März** ist bei den Bienen Frühjahrsputz angesagt. Der Bienenstock wird gereinigt, und die Flugbienen holen frisches Wasser. Das Brutnest wächst. Die alten Bienen, die das Volk durch den Winter gebracht haben, sterben nach und nach, die jungen übernehmen ihre Aufgaben. Der Imker kann nun sehen, wie gut das Volk durch den Winter gekommen ist. Er kontrolliert den Totenfall, das heißt, dass er nachschaut, wie viele tote Bienen auf dem Beutenboden liegen. In der heutigen Zeit ist es leider normal geworden, dass je nach Region und Umweltbedingungen 10 bis 30 Prozent der Bienen den Winter nicht überleben. Kaltes und nasses Wetter kann zu Rückschlägen und sogar zum Einstellen der Bruttätigkeit führen. Ein gesundes und starkes Bienenvolk steckt solche Schwierigkeiten besser weg. Deshalb sollte der Imker jetzt auch den Honigvorrat kontrollieren, da die Bienen sehr viel davon verbrauchen, um das Brutnest auf Temperaturen von 35 bis 36 Grad Celsius zu halten.

Im **April** wächst das Volk unter günstigen Umständen (gute Tracht und gutes Wetter) stark an. Wenn Sie in einer Magazinbeute imkern, erweitern Sie den Brutraum gegebenenfalls um eine neue Zarge mit Rähmchen, damit die Bienen in ihrer Behausung genü-

OBEN: Die Wächterinnen am Flugloch lassen keinen vorbei, der nicht in den Stock gehört.

gend Platz haben. Außerdem setzen Sie zur Zeit der Obstblüte einen Honigraum auf. Wenn Sie in einer Großraumbeute imkern, passen Sie den zur Verfügung gestellten Raum mit dem Trennschied ganz nach Bedarf der Bienen an. Bei der Bienenkiste dehnt sich das Brutnest über die vorhandenen leeren Waben aus. Beim Einsetzen der Tracht bestückt man den Honigraum mit Mittelwänden und gibt ihn frei. Zu dieser Zeit gibt es auch Drohnen. Konventionell arbeitende Imker schneiden jetzt zum ersten Mal die Drohnenbrut heraus, wesensgemäß arbeitende Imker lassen sie, wo sie ist – im Brutnest zusammen mit ihren Schwestern.

Für die Bienen liefert die Obstblüte das größte Angebot. Nur Honigbienen, die als ganzes Volk gut überwintern, können so früh im Jahr effektiv bestäuben. Die anderen Blütenbestäuber wie beispielsweise Hummeln, bei denen ausschließlich die Königin den Winter überlebt, fehlen noch oder sind nur vereinzelt anzutreffen. Die Bienen werden wieder bewusst wahrgenommen, wenn es in den Bäumen summt und brummt. Der Flugradius nimmt zu. Die Bienen bauen hauchzarte, schneeweiße Waben.

Im **Mai** beginnt normalerweise die Schwarmzeit. Für wesensgemäß arbeitende Imker ist das die aufregendste und zugleich die schönste Zeit im Bienenjahr. Durch genaue Beobachtung der Weiselzellen kann man sehr genau einschätzen, wann die alte Königin mit einem Teil ihrer Gefolgschaft ausziehen wird. Wenn Ihre Bienen nicht am Haus stehen oder Sie berufstätig sind, können Sie die Möglichkeit der Schwarmvorwegnahme nutzen (siehe Seite 63). Sollten Sie dagegen die Bienen in Ihrer Nähe haben und sich während der Schwarmsaison die Zeit nehmen können, sollten Sie zumindest einmal einen Schwarm ausziehen lassen. Das ist ein Erlebnis von solcher Urgewalt, dass Sie es nie mehr vergessen werden. Konventionell arbeitende Imker verzichten darauf, versuchen das Schwärmen zu unterdrücken und bilden Kunstschwärme oder Ableger.

Im **Juni** wachsen die Bienenvölker weiter. Normalerweise können Sie jetzt den ersten Honig ernten, den Frühjahrsblütenhonig. Manche Imker lassen den Honig auch bis zum Spätsommer im Volk und schleudern dann eine Mischung aus allem, was das Jahr über geblüht hat. Empfehlenswert ist das nur bedingt, weil Sie dann so lange warten müssen, bis Sie die erste Varroabehandlung mit Ameisensäure durchführen können. Sonst haben Sie Rückstände im Honig. Dieses Warten kann je nach Befall des Volkes riskant sein. Auch wer Wert auf frühe Sortenhonige (zum Beispiel Raps- oder Lindenblütenhonig) legt, sollte gleich schleudern – vorausgesetzt natürlich, dass mindestens zwei Drittel der Honigwaben verdeckelt sind und der Honig somit reif ist. Durch mehrfache Bebrütung dunkel gewordene Waben werden jetzt aussortiert. Die Bienen bauen weiter Waben. Es werden Jungvölker aufgebaut. Der Imker vergrößert den Platz im Bienenstock für das wachsende Bienenvolk.

Im **Juli**, wenn die meisten Menschen normalerweise erst so richtig ins Schwitzen geraten, bereiten sich die Bienen allmählich auf den Winter vor. Die Königin lässt es etwa ab Johanni – also bereits um den 24. Juni herum – ruhiger angehen und legt nicht mehr so viele Eier wie im Frühjahr. Dadurch schrumpft das Bienenvolk langsam. Außerdem fängt das Volk gegen Ende Juli an, den Drohnen das Futter vorzuenthalten, sie aus dem Volk zu werfen oder ihnen nach einem Ausflug die Rückkehr in den Bienenstock zu verweigern. Dieser Vorgang ist als »Drohnenschlacht« bekannt. Die Bienen sammeln nach wie vor so viel Nektar und Pollen wie möglich, um ihre Vorräte für den Winter auf-zustocken. Darüber hinaus kann es sein, dass sie versuchen, bei anderen Völkern zu räubern (Honig stehlen geht schneller, als ihn selbst zu machen). Dabei besteht das Risiko, dass sich gesunde Bienen bei kranken anstecken. Sie sollten Ihre Bienen also genau kontrollieren.

Im **August** schrumpft das Bienenvolk weiter. Der Imker reduziert das Platzangebot ent-sprechend. Krankheiten werden offenbar, die der Imker behandeln muss, außerdem die Belastungen durch die Agrargifte, die beim Sammeln aufgenommen wurden.

Meistens kann man jetzt zum zweiten Mal Honig schleudern. Im Süden Deutschlands ist dies oft Waldhonig, vorausgesetzt, es gab genügend Läuse, damit die Bienen Honigtau sammeln konnten. Dies ist keinesfalls in je-dem Jahr der Fall. Wenn Ihre Bienen Waldho-nig eintragen, sollten Sie ihn jedoch gut an-schauen. Stammt der nämlich von den Ausscheidungen der Schwarzen Fichtenrin-denlaus, kristallisiert der Honig in null Kom-ma nichts in den Waben. Er schmeckt zwar sehr lecker, lässt sich aber nicht schleudern. »Melezitose« oder auch »Zementhonig« nennt man dieses Phänomen. Als Winterfutter für die Bienen ist er praktisch nicht geeignet, da der Dreifachzucker schwer verdaulich ist und die Bienen dazu mehr trinken müssen, als sie in den Stock tragen können. Durch sei-nen hohen Mineralstoffgehalt bekommen

OBEN: Egal, zu welcher Jahreszeit: Bienen mö-gen es, wenn es ruhig und gelassen zugeht.

die Bienen außerdem Durchfall, was zum Problem wird, wenn sie in den Wintermonaten keinen Reinigungsflug machen können, um ihre Kotblase außerhalb des Stocks zu entleeren.

In der Stadt gibt es im August noch etliche Blüten für die Bienen. Auf dem Land dagegen herrscht in dieser Hinsicht meistens gähnende Leere, weil Wiesen gedüngt und mehrmals im Jahr gemäht werden, bevor irgendetwas blühen kann. Auch auf dem Acker finden die Bienen nichts; selbst die Ackerbohne, die eine exzellente Bienenweide ist, hierzulande aber nur selten angebaut wird, ist jetzt verblüht.

Wenn die Bienen und Sie Glück haben, gibt es aber einen Landwirt in Ihrer Nähe, der am Ackerrand Blühstreifen zulässt. Das ist gerade am Ausgang des Sommers sehr wichtig für die Bienen, weil sie dann mit ausreichenden und abwechslungsreichen Vorräten in den Winter gehen können. Dadurch sind sie gesünder, und das erhöht ihre Überlebenschancen. Übrigens sind selbst Sonnenblumenfelder, die früher eine Garantie für einen reichen Gehalt an Nektar und Pollen waren (und von den Bienen zu goldgelbem Sonnenblumenhonig verarbeitet wurden), heute nicht mehr unbedingt für die Blütenbesucherinnen geeignet. Moderne Hybridsorten wurden in erster Linie auf ihren Ölertrag hin gezüchtet. Leider ging das zulasten von Nektar und Pollen, sodass die Bienen oft mit leerem Honigmagen weiterfliegen müssen.

Im **September** ist das Volk manchmal schon brutfrei. Die Bienen, die jetzt geschlüpft sind, werden als Winterbienen noch das nächste Frühjahr erleben, um dann wieder die erste Brut zu pflegen, bis diese so weit ist, dass sie den Stockdienst übernehmen kann.

Erst wenn es im Herbst keine Brut mehr gibt, kann der Imker zur zweiten Stufe der Varroamilbenbehandlung schreiten. Demeter- und Bioimker nutzen dafür meist Oxalsäure, die in die Wabengassen geträufelt wird. Oxalsäure kommt von Natur aus im Honig vor und ist in der vorgesehenen Konzentration kaum ätzend. Dennoch sollte man sich mit Schutzbrille und Handschuhen gegen versehentliche Spritzer wappnen und einen Eimer Wasser parat haben.

Konventionell arbeitende Imker verwenden entweder ebenfalls Oxalsäure oder das synthetische Mittel Perizin, das auf die Bienen geträufelt wird. Es ist ein Kontaktgift, das auch auf das Nervensystem des Menschen wirkt und mit dem jeder direkte Kontakt zu vermeiden ist. In einigen Ländern haben sich dagegen schon Resistenzen gebildet, das heißt, dass es nicht mehr gegen die Varroamilbe wirkt.

Im **Oktober** nutzen die Bienen die letzten schönen Tage. So herrscht oft noch reger Flugbetrieb am Bienenstand. Wenn sie noch Pollen finden, ergänzen die Bienen damit ihre Vorräte für die Larvenaufzucht im nächsten Frühjahr. Der Bienenstock wird mit Propolis gegen Zugluft und Krankheitserreger abgedichtet. Imker können nun die ruhigere Zeit nutzen, um kleinere Reparaturen an Rähmchen oder Beuten durchzuführen oder Honiggläser zu etikettieren.

Den **November** finden nicht nur die meisten Menschen ungemütlich. Auch die Bienen kuscheln sich eng in der Wintertraube aneinander und nutzen die Honigvorräte, um sich warm zu halten.

Imker sollten spätestens jetzt ein Mäusegitter – zum Beispiel ein Drahtgitter mit einer Maschenweite von rund 6,3 mm – vor dem Flugloch anbringen. Denn Mäuse wissen nicht nur den süßen Honig, sondern auch die angenehme Wärme in der Bienenwohnung zu schätzen. Bis sie von den Bienen totgestochen werden, können Mäuse viel Schaden angerichtet haben. Abgesehen davon sind Mäusemumien für Bienen keine erstrebenswerte Gesellschaft zum Überwintern.

OBEN: Im Winter fliegen die Bienen nicht aus, und auch der Imker kann es ruhig angehen lassen.

Zu Besuch bei Sonja Heinemann

Eine junge Frau
im Altherrenclub

OBEN: Mit Dadant-Beuten imkert Sonja Heinemann am liebsten.

Eigentlich könnte man denken, das Imkern sei Sonja Heinemann in die Wiege gelegt worden. Ihr Vater hielt 20 Jahre lang hobbymäßig Bienen. Sie selbst hatte aber überhaupt keine Lust auf »das Gesummse« und die schmerzhaften Stiche. Bis ihr Vater dann aus gesundheitlichen Gründen aufhörte und sie merkte: »Da fehlt doch was!« Sie beschloss, das zu ändern, nahm ihren Mut zusammen, kaufte zwei Bienenvölker, suchte sich einen Imkerpaten und legte los. Zwei Jahre später trat sie einem Imkerverein bei, nach weiteren zwei Jahren war sie Kreisvorsitzende, inzwischen ist sie stellvertretende Landesvorsitzende in Bayern.

Die Stiche und die Schwellungen seien in den ersten beiden Jahren sehr schmerzhaft und fast unerträglich gewesen, räumt sie ein. Doch inzwischen sind die Bienen und sie dicke Freundinnen geworden. 17 Bienenvölker pflegt sie jetzt. Außerdem hat sie ein verwaistes Bienenhaus in einem Freilichtmuseum wiederbelebt und zu einem Lehrbienenstand gemacht. Die Kurse sind immer rasch ausgebucht. Bei ihrem ersten Kurs »Imkern für Frauen« unkten noch die männlichen Kollegen: »Da kommt doch niemand!«

Weit gefehlt. Am Ende musste der Kurs sogar geteilt werden. Und als sie fragte, warum die Frauen sich gerade für diesen Kurs entschieden hätten, bekam sie die Antwort: »Weil er von einer Frau geleitet wird! Da traut man sich mehr, und bestimmt imkern Sie auch anders!« Inzwischen ist der Frauenanteil höher als der der Männer. Die Kursteilnehmer kommen meistens aus reinem Interesse und aus Naturschutzgründen und nicht, weil sie das Imkern lernen wollen. Es spricht für die Kursleiterin und die Bienen, dass sich im Laufe des Jahres dennoch fast alle entscheiden, selbst zu imkern. Und da sie im Dreiländereck Bayern-Thüringen-Hessen lebt, kommen auch von dort viele Interessenten.

Bis auf ein Königinnen-Absperrgitter arbeitet Sonja Heinemann wesensgemäß. »Bienen müssen schwärmen, und sie müssen bauen«, ist sie überzeugt. »Ganz schlimm« findet sie fremdes Wachs im Bienenvolk, wie es für die Mittelwände verwendet wird. Deshalb leben ihre Bienen im Naturwabenbau. Und anders als am Lehrbienenstand, wo es sich nicht vermeiden lässt, stört sie ihre eigenen Bienen so wenig wie möglich. Angefangen hat sie mit konventioneller Imkerei, war aber schon damals davon überzeugt: »Das kann's nicht sein.« Dann entdeckte sie Mellifera e. V., die Vereinigung für wesensgemäße Bienenhaltung, belegte dort einen Kurs und wusste, dass sie jetzt das Richtige gefunden hatte.

Ihre Lieblingsbeute ist die 12er-Dadant-Beute. Das ist eine bei Profis und Hobbyimkern beliebte Magazinbeute. Ihre Vorteile sind ein großer, ungeteilter Brutraum – was den natürlichen Bedürfnissen der Bienen mehr entspricht – und die Tatsache, dass der Honigraum nicht so unhandlich ist.

Mit ihrem Schwung hat Sonja Heinemann schon viel in ihrem Landkreis bewegt. Für sich persönlich hat sie auch noch einen Traum: »Ich möchte so gut werden in der Fluglochbeobachtung, dass ich dabei schon sehen kann, wie es dem Volk geht. Ohne die Beute öffnen zu müssen.«

Oben: Um gut zu überwintern, brauchen Bienen auch im Herbst Blüten wie diese Astern.

Bienenkrankheiten
erkennen und behandeln

Wenn Sie Bienen halten wollen, müssen Sie sich zumindest mit den wichtigsten Krankheiten und Schädlingen auskennen. Denn wenn Sie sie nicht erkennen beziehungsweise Ihre Bienen nicht dagegen behandeln – sofern eine Behandlung überhaupt möglich und sinnvoll ist –, verlieren Sie nicht »nur« Ihr eigenes Volk oder Ihre eigenen Völker, was für jeden Imker schlimm genug ist. Ihre Bienen können auch andere Bienen anstecken. Dies ist wie bereits erwähnt besonders im Spätsommer der Fall, da Bienen dann zur Räuberei neigen, um die eigenen Vorräte vor dem Winter noch schnell aufzufüllen. Sprich: Sie versuchen, sich bei Nachbars Bienen mit fertigem Honig zu bedienen, und stecken dabei diese an oder holen sich Krankheiten oder Schädlinge.

Kritisch sind vor allem Krankheitserreger oder Parasiten, auf die das Bienenvolk nicht eingestellt ist. Sie können ohne Behandlung zum Tod führen. Ein Beispiel dafür ist die aus Asien eingeschleppte Varroamilbe. Auch sonst haben sich durch globale Bienenimporte und -exporte viele Krankheiten weltweit verbreitet, die vom Laien oder Anfänger nicht auf Anhieb erkannt werden können.

Wenn in einer Region eine anzeigepflichtige und ansteckende Bienenkrankheit ausgebrochen ist, wird die Region von den Tierärzten zum Sperrbezirk erklärt, um eine weitere Ausbreitung beispielsweise durch Wanderimker zu verhindern. Im schlimmsten Fall müssen nicht nur die Bienen, sondern auch Beuten, Rähmchen und andere Geräte vernichtet werden.

Grundsätzlich gilt: Je stärker und gesünder ein Volk ist, desto besser kommt es auch mit verschiedenen Belastungen klar. Wenn das Volk jedoch geschwächt ist, kann die Krankheit ausbrechen. In Bienenvölkern können sich Krankheitserreger verschiedener Art (Bakterien, Viren, Parasiten) aufhalten. Normalerweise sind Bienenvölker jedoch dank ihrer selbst gemachten Hausapotheke gut geschützt. Honig, Pollen, Kittharz und Futtersaft enthalten antibiotisch wirkende Stoffe, die den krankheitserregenden Mikroorganismen das Leben schwer machen. Keimtötende Stoffe finden sich außerdem an der Körperoberfläche der Bienen. Eine wichtige Rolle zur Abwehr von Krankheiten spielt nicht zu-

INFO: Wie man Bienen vom Räubern abhält

Nicht nur wegen der Ansteckungsgefahr sollten Sie Räuberei verhindern. Dazu gehört, dass Sie den Bienen während der Honigernte und der Fütterung kein Deckelwachs und keine Waben zum Auslecken geben, dass Sie Honig- und Vorratswaben bienendicht lagern und verschüttetes Futter sofort wegputzen. Außerdem sollte man möglichst erst abends nach dem Bienenflug füttern.

letzt der Putztrieb der Bienen. Sie säubern sich ständig selbst und tragen Schmutz und Fremdkörper aus dem Bienenstock. Auch Boden und Wände der Bienenwohnung sowie das Wabenwerk werden geputzt. Jede tote oder kranke Biene, Made oder Puppe wird schnellstens entfernt. Was das Bienenvolk aber am besten schützt, ist seine große Regenerationsfähigkeit.

Um gesunde Bienenvölker zu haben, braucht man auch eine bienenfreundliche Umgebung. Der Imker sollte bei der Standortwahl auf ein gutes Trachtangebot, vor allem auf gute Pollenversorgung, achten, auf genügend Wasser in erreichbarer Nähe, auf das richtige Maß an Sonneneinstrahlung, auf Schutz vor Wind und extremer Kälte – und auch darauf, dass es in der Nähe keine Pestizide gibt. Dabei wird schon deutlich, dass der Imker eine gute Standortwahl durch die Intensivierung der Landwirtschaft nur teilweise in der Hand hat. Deshalb sollte man versuchen, durch eine besonders bienenverträgliche Art der Imkerei Stress von den Bienen zu nehmen.

Varroamilbe erkennen, einschätzen und behandeln

Dieses winzige Spinnentier hat sich innerhalb weniger Jahre zum gefährlichsten Parasiten unserer Honigbiene entwickelt. Die asiatische Honigbiene lebt mit dem Parasiten ziemlich problemlos, weil sie im Laufe der Evolution Zeit hatte, sich an ihn anzupassen. Sie er-

kennt den Schädling, der sich in den Brutzellen der Bienen vermehrt, und verdeckelt diese nicht wie üblich mit einer luftdurchlässigen Wachsschicht, sondern schließt die Zelle luftdicht ab. Das bedeutet zwar auch das Ende der Larve, aber das kann im Interesse der Gesundheit des gesamten Bienenvolks in Kauf genommen und verkraftet werden. Die europäischen Bienen dagegen sind diesem für sie völlig neuen Schädling hilflos ausgesetzt und brauchen die Unterstützung des Imkers. Die Varroamilbe ist besonders heimtückisch, weil sie Bienenbrut und erwachsene Bienen gleichermaßen befällt und nachhaltig schädigt oder schwächt. Gefährlich ist dabei nicht nur das eigentliche »Blutsaugen«, obwohl eine Varroamilbe für eine Biene etwa so groß ist wie ein Kaninchen für

UNTEN: Die Varroamilbe, hier auf einer Wabe, vermehrt sich in den Brutzellen.

den Menschen. An den Bissstellen können zusätzlich noch Viren eindringen, die zum Beispiel dazu führen, dass erwachsene Bienen gelähmt werden (Paralysevirus) oder Jungbienen mit Stummelflügeln schlüpfen (Flügeldeformationsvirus).

Varroamilben sind so groß, dass man sie mit bloßem Auge erkennen kann, obwohl sie sich mit ihrer braunen Farbe nur wenig von einer erwachsenen Biene abheben. Auf den weißen Larven stechen sie regelrecht hervor. Trotzdem kann man den Befall ohne Hilfsmittel nur schwer einschätzen. Zur genauen Diagnose gibt es mehrere Möglichkeiten. Eine davon, die Tage oder auch Wochen dauern kann, besteht darin, dass man im Spätsommer und im Spätherbst beziehungsweise Frühwinter eine weiße Bodeneinlage (»Windel«) unter den Bienensitz schiebt. Darauf sammeln sich neben anderem Gemüll auch tote Milben. Diese werden wöchentlich gezählt und auf tote Milben je Tag umgerechnet. Wenn bereits im Juli im Schnitt mehr als fünf bis zehn tote Milben täglich zu finden sind, muss umgehend behandelt werden, um später gesunde Winterbienen zu haben. Nach Beendigung der Bruttätigkeit im Oktober oder November dürfen pro Woche maximal drei tote Milben gefunden werden. Sonst ist eine zusätzliche Winterbehandlung nötig. Schneller ist eine Varroadiagnose per Bienenprobe mit Puderzucker. Anders als bei der herkömmlichen Bienenprobe werden bei dieser relativ neuen Methode keine Bienen getötet, sondern in einem Schüttelbecher mit Puderzucker bestäubt. Dadurch verlieren die Milben den Halt und fallen ab. Weil Puderzucker bei Feuchtigkeit leicht verklumpt, sollte man möglichst viel davon nehmen, damit immer ein Teil pudrig bleibt.

Wenn der Befall als zu hoch festgestellt wird, wird je nach Jahreszeit (und Art der Imkerei) mit unterschiedlichen Methoden gegen die Varroamilbe behandelt, die hier nur kurz vorgestellt werden sollen, da gerade dabei die Demonstration durch einen erfahrenen Imker wichtig ist.

Behandlung von Völkern mit Brut (Sommerbehandlung)

Behandlungen werden grundsätzlich erst nach der letzten Honigernte durchgeführt! Für die Sommerbehandlung verwenden sowohl wesensgemäß als auch biologisch arbeitende Imker Ameisensäure, konventionell arbeitende Imker setzen ebenfalls Ameisensäure oder synthetische Produkte ein. Ameisensäure kommt in geringen Mengen im Honig vor, wirkt auch in die verdeckelte Brut hinein, was für das Heranwachsen gesunder Winterbienen wichtig ist, hinterlässt bei richtiger Anwendung keine Rückstände, und eine Resistenzbildung der Milben dagegen ist unwahrscheinlich. Eingesetzt wird sie mit dem sogenannten Nassenheider Verdunster, einem Gerät, das in praktisch jeder Beute einsetzbar ist und über einen Docht die Ameisensäure ins gesamte Bienenvolk hinein verdunsten lässt.

Warnung: Ameisensäure ist ätzend!
Deshalb Schutzhandschuhe tragen, am besten auch eine Schutzbrille, immer einen Eimer Wasser bereithalten und Säurespritzer sofort abwaschen.

Thymol wird als ebenfalls natürlicher Stoff teilweise als Alternative zu Ameisensäure betrachtet. Die Wirkung baut sich jedoch langsamer auf und hält länger an. Thymol wirkt nicht in die verdeckelte Brut hinein, das heißt, dass es die dort sitzenden Milben nicht erreicht, und kann zu einer Geruchsbelastung und Rückstandsanreicherung in Waben und Wachs führen. Zudem wird den Bienen während der Behandlung regelrecht der Appetit verdorben, die Futterabnahme ist geringer. Das Mittel wird als Pulver zwischen die Wabengassen gestreut. Eine mehrmalige Behandlung ist erforderlich. Bei der Anwendung von Thymol braucht man Schutzkleidung (inklusive Mundschutz, Schutzbrille, Handschuhe), da der Wirkstoff ätzend ist und Schleimhäute reizt. Außerdem ist er umweltgefährdend.

Das ausschließlich von konventionell arbeitenden Imkern verwendete Produkt Bayvarol ist fettlöslich und hinterlässt daher Rückstände im Wachs. Zudem gibt es bereits Resistenzen dagegen, sodass die Wirksamkeit unzureichend sein kann. Der Wirkstoff Flumethrin ist auf Strips aufgebracht, die in die Beuten gehängt werden und nach spätestens sechs Wochen wieder entnommen werden müssen.

Behandlung im brutfreien Zustand (Winterbehandlung)

Naturstoffe sind Milchsäure, die im Sprühverfahren eingesetzt wird, und Oxalsäure, die in die Wabengassen geträufelt und von den Bienen im Stock verteilt wird. Perizin ist ein Produkt der Pharmaindustrie. Alle Mittel sind nur im brutfreien Volk anzuwenden, da sie nicht in die verdeckelte Brut hinein wirken. Perizin ist derzeit in Deutschland noch wirksam, doch in Italien haben sich bereits Resistenzen dagegen entwickelt. Außerdem hinterlässt es Rückstände. Angewandt wird es mithilfe eines Dosiersets oder einer Einwegspritze. Milchsäure wird mit einem Handsprüher oder mit einer Druckspritze auf die Bienen gesprüht. Es ist eine zweimalige Behandlung erforderlich. Atemschutz, Schutzbrille, Gummihandschuhe und Schutzkleidung werden empfohlen. Die Oxalsäure ist nur im Träufelverfahren zugelassen. Die Außentemperatur muss mindestens drei Grad Celsius betragen. Säurefeste Handschuhe, Schutzbrille und Arbeitskleidung sind zu empfehlen. Außerdem sollte man immer Wasser zum Abwaschen von Spritzern bereithalten. Man sollte nur eine Behandlung mit Oxalsäurelösung durchführen, nach der über einen Zeitraum von drei bis vier Wochen die toten Milben abfallen. Jede weitere Behandlung würde zu einer starken gesundheitlichen Beeinträchtigung der Bienen führen.

Faulbrut erkennen und behandeln

Die Amerikanische Faulbrut ist sehr ansteckend und anzeigepflichtig. Bei ihrem Auftreten richtet der Amtstierarzt Sperrbezirke ein. Übertragen wird sie durch ein sporenbildendes Bakterium. Erkennbar ist sie unter anderem an einem Brutnest, das Lücken aufweist, und an rissigen, löchrigen und nach innen gewölbten Zelldeckeln. Die tote Made ist nicht als Ganzes aus der Zelle zu entfernen, sondern zieht charakteristisch lange, schleimige Fäden (Streichholzprobe). Befallene Völker müssen unter Aufsicht des Veterinäramtes vernichtet oder manchmal auch saniert, die Holzteile abgeflammt oder am besten ganz verbrannt werden.

Die Europäische Faulbrut, im Vergleich zur Amerikanischen Faulbrut auch als gutartig bezeichnet, wird unter anderem durch Bakterien verursacht. Die Krankheit ist nicht anzeigepflichtig, das Volk kann sich selbst heilen. Das Krankheitsbild ist nicht einheitlich, die Symptome ähneln den Varroaschäden bei stark befallenen Völkern. Eingefallene Zelldeckel können ein Hinweis sein.

Weitere Krankheiten

Hier noch ein kurzer Überblick über weitere Bienenkrankheiten, die allerdings nicht so gravierend für das Volk sind.

Sackbrut: Diese Viruskrankheit tritt in manchen Jahren und Regionen auf und führt dazu, dass Völker schwach bleiben und keinen Honig bringen. Das Brutnest weist je nach Befall Lücken auf, die Streckmaden sind dunkel verfärbt, ihr Kopfteil knickt nach oben, sodass sie aussehen wie ein Haken. Im Gegensatz zum Befall mit der Amerikanischen Faulbrut kann die tote Larve mit einer Pinzette aus der Zelle gehoben werden. Befallene Waben sollten eingeschmolzen werden, die Völker gefüttert oder aufgelöst werden.

Kalkbrut: Die durch einen Pilz ausgelöste Kalkbrut tritt periodisch auf und kann erhebliche Schäden verursachen. Erkennbar ist sie durch harte, locker in den Zellen sitzende »Kalkbrutmumien« in den Brutzellen und auf dem Bodenbrett. Gefördert wird die Kalkbrut durch niedrige Temperaturen und hohe Luftfeuchte. Befallene Waben sollten eingeschmolzen werden.

Nosematose: Der Krankheitserreger ist ein sporenbildender Einzeller. Symptome sind eine schlechte Volksentwicklung, vor allem im Frühjahr, sowie Bienenkot auf Waben und Beute und ein aufgedunsener Hinterleib. Man sollte auf eine gute Standortwahl und auf die Beuten- und Wabenhygiene achten.

Es ist so weit:
Sie können ernten!

Auch wenn viele Menschen heutzutage Bienen vor allem wegen des Naturerlebnisses und aus ökologischen Gründen halten: Die Honigernte ist und bleibt ein ganz besonderer Moment. Und sei es auch nur, weil man immer wieder darüber ins Staunen gerät, wie es den Bienen wohl gelungen ist, die Essenz eines ganzen Sommers in dieses flüssige Gold zu packen.

Honig muss reif sein, damit er geerntet werden kann. Unreifer Honig enthält zu viel Wasser und gärt schnell. Reifen Honig erkennen Sie daran, dass die Bienen ihn verdeckelt haben (sie haben sozusagen die Vorratskammer verschlossen), oder, bei unverdeckelten Honiglagerzellen, daran, dass er nicht aus den Waben spritzt, wenn Sie die Wabe waagrecht halten und mit einer ruckartigen Bewegung nach unten stoßen. Es empfiehlt sich aber auf alle Fälle, bis zur Verdeckelung zu warten. Wenn es so weit ist, entnehmen Sie die beweglichen Rähmchen (vorausgesetzt, Sie haben welche) und fegen die Bienen ab. Rauch sollte möglichst vermieden werden. Die Rähmchen sollten Sie zum Transport in einen bienen (und wespen)dichten Kasten geben, damit Sie keine geflügelten Mitesser anlocken.

Als Schleuderraum ist jeder Raum geeignet, der sich gut sauber halten lässt, geruchsfrei, trocken und bienendicht ist und möglichst über einen Wasser- und Stromanschluss verfügt. Neben der heimischen Küche kann dafür zum Beispiel auch eine trockene Waschküche oder ein Heizungsraum infrage kommen. Alle Erntegeräte müssen aus rostfreiem Stahl oder aus lebensmittelechtem Kunststoff sein.

Zum Entdeckeln der Wabenzellen können Sie entweder eine spezielle Entdeckelungsgabel verwenden oder ein großes Messer. Beides erfordert ein wenig Übung; mit der Gabel lernt man meistens schneller umzugehen. Die entdeckelten Rähmchen werden danach in eine Honigschleuder gegeben (gleichmäßig befüllen, damit es keine Unwuchten gibt), und Sie können zu kurbeln beginnen (es sei denn, Sie haben den Luxus einer elektrisch betriebenen Honigschleuder, beispielsweise bei einem Imkerkollegen). Am Anfang sollten Sie langsam drehen, damit die Waben nicht brechen. Der durch ei-

OBEN: Mit einer Honigschleuder lassen sich mehrere Rähmchen gleichzeitig schleudern.

nen Hahn unten an der Schleuder herausfließende Honig läuft durch ein Doppelsieb und kann dann direkt in die Gläser gefüllt oder erst noch in ein Rührgerät gegeben werden, damit er später cremig wird. Viele Imker (Ausnahme sind Demeter-Imker) füllen den Honig zunächst einmal in Eimer oder Fässer. Dann muss der Honig aber vor dem Abfüllen in die Gläser erwärmt und dadurch verflüssigt werden, und beim Erwärmen gehen wertvolle Inhaltsstoffe verloren.

Werfen Sie das Deckelwachs nicht weg! Es ist ein beliebter »Imkerkaugummi«, der bei Erkältungskrankheiten oder Nasennebenhöhlenentzündungen gute Dienste leistet, da in ihm neben dem Honig auch noch Spuren von Pollen und Propolis enthalten sind. Sie können das Deckelwachs auch in lauwarmem Wasser auswaschen, das Honigwasser an die Bienen verfüttern und das Wachs in den Wachsschmelzer geben, bevor es zu schimmeln anfängt.

Ohne Honigschleuder können Sie den Honig als Tropf- oder Presshonig gewinnen. Oder Sie machen, wenn Sie komplett im Naturwabenbau arbeiten, Wabenhonig daraus, das heißt, dass Sie alles einfach in Stücke schneiden, die Sie dann scheibchenweise aufs Brötchen geben können. Um diese seltene Delikatesse wird man Sie beneiden!

Für Tropfhonig hacken Sie die Waben sehr klein und zermantschen sie anschließend zum Beispiel mit einem Kartoffelstampfer. Danach geben Sie alles in ein feines Sieb (wenn Sie große Mengen haben, können Sie sich auch mit einer Fliegengaze und einem Eimer selbst ein Sieb basteln) und lassen den Honig in ein sauberes Gefäß darunter tropfen. Länger als drei Stunden sollte das aber nicht dauern (gegebenenfalls durch etwas Quetschen nachhelfen), weil der Honig an der Luft unnötig Wasser anzieht, was seine Haltbarkeit verringert. Danach können Sie ihn dann noch einmal filtern, weil er oft noch kleinste Wachskrümelchen enthält. Dafür ist beispielsweise ein feiner Nylonstrumpf gut geeignet.

UNTEN: Aus dem Hahn der Honigschleuder läuft der Honig noch durch ein feines Sieb.

Für die Herstellung von Presshonig werden die brutfreien Waben gepresst (gut geht das in einer Saftpresse), ohne dass sie entdeckelt oder erwärmt werden. Durch den hohen Pollen- und Wassergehalt ist Presshonig kürzer haltbar als Schleuderhonig, dafür ist er aber besonders gesund. Bei den selten gewordenen Korbimkern der Lüneburger Heide ist er neben dem dort ebenfalls bekannten Scheibenhonig (Wabenhonig) eine Spezialität.

Wenn Sie möchten, dass der Honig cremig bleibt und nicht sehr fest wird (die Dauer, bis er kristallisiert, hängt auch von der Honigsorte ab), sollten Sie ihn nach der Ernte rühren.

den Oberträgern. Sie können diese Schicht einfach abkratzen. Sie sollten den Bienen auf alle Fälle nach der Propolisernte genügend Zeit lassen, ihren Stock erneut »winterdicht« zu bekommen.

Profiimker verwenden übrigens spezielle Propolisgitter, die im Spätsommer in die Beute gegeben werden. Die Bienen möchten die Löcher im Gitter stopfen, um im kommenden Winter Zugluft zu vermeiden. Das Gitter kann man nach erfolgter Lückenschließung herausnehmen und ins Gefrierfach packen. Kälte macht Propolis spröde, sodass der Rohstoff leicht zu entfernen ist.

Kalt geschleuderter Honig

Honigvermarkter warben lange Zeit mit dem Begriff »kalt geschleudert«. Obwohl das nicht mehr zulässig ist, hält sich der Terminus noch hartnäckig. Jeder Honig wird kalt beziehungsweise bei Zimmertemperatur geschleudert, weil nämlich sonst das Wachs der Waben weich würde und kaputtginge. Entscheidend ist, ob der Honig – beispielsweise zum Abfüllen – erwärmt wurde oder nicht. Demeter-Honig wird nie erwärmt.

Propolisernte

Propolis bildet eine sehr klebrige Schicht am Rand der Rähmchen, vor allem aber in den Lücken zwischen den Rähmchenhölzern auf

UNTEN: Mit einer Entdeckelungsgabel lässt sich das Deckelwachs gut entfernen.

Auch für Bienen gibt es Paragrafen

Bienen darf man grundsätzlich überall aufstellen, wenn man die Erlaubnis des Grundstücksbesitzers hat. Beim eigenen Grund und Boden ist diese natürlich am leichtesten »einzuholen«. Es kann jedoch je nach Größe des Grundstücks Schwierigkeiten mit den Nachbarn geben, die dann in die Rubrik »Nachbarschaftsrecht« fallen. Dieses besagt, dass der Nachbar durch Ihre Bienen nicht wesentlich beeinträchtigt werden darf – und was eine wesentliche Beeinträchtigung ist, lässt sich leider nicht genau definieren. Hier gilt wie meistens, dass ein gutes Verhältnis zur Nachbarschaft wünschenswert ist. Wenn Sie den Nachbarn darüber informieren, dass er zur Zeit des Reinigungsflugs im Februar oder März nicht unbedingt weiße Wäsche draußen aufhängen sollte und das neue Auto am besten in der Garage parkt, und wenn Sie ihn für diese kleineren Beeinträchtigungen mit einem Glas Honig oder einer schönen Bienenwachskerze entschädigen, sollte es eigentlich keine Probleme geben. Zumal sich der Nachbar, sofern er einen Nutzgarten hat, über besonders leckeres Obst freuen kann. Mit gutem Willen der Nachbarschaft ist Bienenhaltung sogar auf dem Balkon möglich. Sie sollten allerdings Ihre Nachbarn über die Gewohnheiten der Bienen informieren. Viele verwechseln nämlich Bienen mit Wespen und glauben, dass sie draußen nicht mehr ungestört ihr Marmeladenbrötchen oder ihre Bratwurst verzehren könnten. Dabei interessieren sich Bienen allenfalls für den Honig auf dem Brötchen (man kann ja mal gucken, was die Kolleginnen so produziert haben).

Bienen fallen nicht lästig und sind nur selten aggressiv. Ihre Stiche sind nicht gefährlicher als die anderer Insekten. Es sei denn, man reagiert darauf allergisch. Dann ist Vorsicht geboten. Wenn es nach einem Stich nicht nur eine lokale Schwellung gibt, sondern Atemnot, Herzrasen oder Übelkeit auftreten oder an einem weit vom Stich entfernten Körperteil auf einmal Rötungen auftauchen, sollte man einen Arzt aufsuchen. Auch mit Stichen in den Mundbereich ist wegen der Schwellung und der dadurch behinderten Atmung nicht zu spaßen. Es hilft übrigens, den Stachel so schnell wie möglich seitlich mit dem Fingernagel nach außen zu wischen, damit die Giftblase nicht gedrückt wird (nicht mit beiden Fingern zugreifen!). Denn wenn

er stecken bleibt, entleert sich die Giftblase durch noch vorhandene Muskelkontraktionen vollends in den Körper.

Wem gehört der Schwarm?

Rechtlich gesehen ist eine Biene ein wildes Tier, das herrenlos ist, solange es sich im Freien befindet. Interessant wird dies in der Schwarmzeit. Paragraf 961 des Bürgerlichen Gesetzbuchs regelt, dass ein Schwarm herrenlos wird, wenn er auszieht und dabei das Grundstück des Eigentümers verlässt. Der Eigentümer eines Bienenschwarms hat jedoch ein Verfolgungsrecht (Paragraf 962) und darf dazu in der Regel auch fremde Grundstücke betreten. Wenn der Schwarm in einen leeren Stock einzieht, darf der Schwarmeigentümer diesen öffnen, um die Bienen zu fangen. Zieht der Bienenschwarm eine bereits bewohnte Beute vor (was eher unwahrscheinlich sein dürfte), gehört er dem Eigentümer der neuen Wohnung (Paragraf 964). Wenn sich zwei Bienenschwärme vereinigen, gehören sie demjenigen, der sie verfolgt. Wenn es mehrere Eigentümer sind, zu gleichen Teilen.

Als Tierhalter haftet der Imker, wenn seine Bienen jemandem Schaden zufügen. Dabei handelt es sich um eine Gefährdungshaftung: den Imker muss kein besonderes Verschulden treffen. Weil Bienen keine klassischen Haustiere sind, kann man sich von dieser Gefährdungshaftung nicht befreien lassen.

OBEN: Schuppen der Imker-AG zur Aufbewahrung der Ausrüstung

Zu Besuch in einer Schulimkerei

Jung und schon berühmt:
Imker-AG am Gymnasium Unterrieden

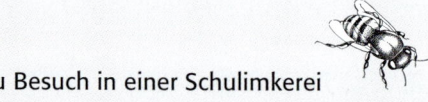

Seit 2007 gibt es am Gymnasium Unterrieden in der Daimler-Stadt Sindelfingen eine Imker-AG. Inzwischen ist sie mehrfach preisgekrönt, unter anderem für ihr soziales Engagement. Was zeigt, dass Kinder und Jugendliche in vielerlei Hinsicht von den Bienen lernen können.

Geleitet wird die AG von der Imkerin Sabine Holmgeirsson. Den Anstoß dafür gab die harmlose Frage eines Lehrers an seine Schüler, ob sie Haustiere hätten. Die knappe Antwort von Sabine Holmgeirssons Tochter lautete: »Ja, dreißigtausend!« Die Anfrage, ob man denn nicht mal ein gemeinsames Schulprojekt mit Bienen machen könne, folgte rasch. Die erste Imker-AG hatte sieben Teilnehmer, die vier Jahre lang dabeiblieben. Eine Schulabgängerin hält heute noch Bienen. Das kann sich auch der elfjährige Sebastian aus der jetzigen Imker-AG gut vorstellen: »Bei mir zu Hause ist ein Feld, da könnte man gut Bienen hinstellen!« In der Schulimkerei bestäuben die Bienen eifrig den Acker eines Pflanzensaftherstellers. Derzeit sind elf Schülerinnen und Schüler aller Jahrgangsstufen in der Imker-AG, und Sabine Holmgeirsson hat sich als Beraterin ins Netzwerk »Bienen machen Schule« eingetragen.

Die Imker-AG trifft sich jeden Dienstag in der Mittagspause. Auch am Wochenende und sogar in den Ferien sind die Schülerinnen und Schüler immer mal wieder bei den Bienen zu finden. Der Honig wird in der Imkerei der Holmgeirssons geschleudert. Dort wird auch das Wachs geschmolzen für die Kerzen, die man zusammen mit dem selbst geernteten Honig auf Weihnachtsmärkten verkauft. Fünf Cent von jedem Honigglas gehen an das »Netzwerk Blühende Landschaft«, den restlichen Erlös spenden die AG-Teilnehmer für den Aufbau einer Schulimkerei in Tansania. Für dieses Engagement wurden sie mit dem Deutschen Schülerpreis 2013 der Stiftung Kinderland Baden-Württemberg ausgezeichnet. Das Preisgeld von 20.000 Euro kommt dem Aufbau weiterer tansanischer Schulimkereien zugute.

Weil sie Kerzen machen wollte, entschied sich die 13-jährige Johanna vor drei Jahren für die Imker-AG. Leonie, die ihr vor einem Jahr folgte, lockte der Honig. Der zwölfjährige Jan-Niklas ist quasi schon ein alter Hase, denn sein Opa hält Bienen, und »weil der schon ziemlich alt ist«, möchte er zusammen mit seiner Mutter einmal die Bienen übernehmen. Sebastian wiederum ist fasziniert von den »fliegenden Wissensteilen«. Zu ihren summenden Schützlingen haben die Jungimker ein recht persönliches Verhältnis. Manche bekommen Namen wie etwa Gertrud. Wenn einmal eine Biene bei der Völkerkontrolle versehentlich und zum Bedauern aller zu Tode gedrückt wird, wird sie posthum mit dem Namen »Quetschi« geehrt. Neben zwei Beuten haben die Mitglieder der Imker-AG ein kleines Kreuz aus Ästen aufgestellt. »Da haben wir eine Bienenkönigin beerdigt.« So ruht sie nun, auf Blumen gebettet, neben ihrem einstigen Volk.

Beim Imkern suchen die Jungen und Mädchen übrigens nicht gezielt nach der Königin. Es reicht, wenn sie sehen, dass die Zellen bestiftet sind. Dann wissen sie, dass es der Bienenmama gut geht. Gekennzeichnet werden die Königinnen von ihnen nicht. Einmal haben sie es versucht. Das war aber gar nicht so einfach. Und so gab es am Ende ganz viele mit Lackstift bemalte Bienen …

OBEN: Mit Feuereifer bei der Sache – die Jungimker der Imker-AG

Wie man den Bienen

helfen kann

Selbst wenn Sie, aus welchen Gründen auch immer, (noch) nicht selbst imkern wollen, können Sie eine ganze Menge für die Bienen tun. Bienen haben, wie eingangs erwähnt, heute mit mehreren Problemen zu kämpfen. Die Varroamilbe, die immer wieder gern angeführt wird, ist mit Sicherheit ein sehr ernst zu nehmendes Problem, doch überdeckt sie auch oft die Tatsache, dass sie nicht die alleinige Ursache für das Bienensterben ist. Stress durch bestimmte imkerliche Methoden, die in erster Linie einen hohen Honigertrag im Blick haben, oder blütenarme Monokulturen mit ihrem hohen Pestizideinsatz spielen ebenfalls eine entscheidende Rolle. Da kann jeder Einzelne von uns eingreifen und dafür sorgen, dass es unseren Bienen wieder besser geht.

Decken Sie Bienen den Tisch!

Egal, ob Sie einen Schrebergarten Ihr Eigen nennen, einen kleinen Hausgarten oder auch nur einen Balkon: Sorgen Sie dafür, dass es blüht! Doch Blüten allein sind nicht genug. Es sollten solche sein, von denen die Insekten profitieren. Auch wenn Sie gefüllte Blüten wegen ihrer besonderen Üppigkeit lieben: für Bienen, Wildbienen und Schmetterlinge sind sie eine »Nullnummer«. Die Staubgefäße, von denen man Pollen gewinnen könnte, sind in Hüllblätter umgewandelt worden. Schön fürs Menschenauge, schlecht für den Insektenmagen. Auch die allseits beliebten Geranien machen den Balkon zwar bunt, doch aus Bienensicht sind sie eher ein Grund zum Schwarzsehen. Pollen oder Nektar ist nämlich auch bei ihnen Fehlanzeige. Eine gute Alternative bieten beispielsweise Fächerblumen. Auch Kapuzinerkresse ist eine attraktive, pflegeleichte und insektenfreundliche Alternative, um den Balkon oder den Garten zu verschönern.

Wenn Sie gerne kochen und Küchenkräuter auf dem Balkon oder im Garten haben, dann lassen Sie ein paar davon zum Blühen kommen. Sie werden staunen, wie begehrt die Blüten von Rosmarin, Schnittlauch oder Salbei bei den kleinen Fliegern sind.

Insgesamt ist es gut, wenn Sie darauf achten, dass möglichst vom zeitigen Frühjahr bis in den Herbst hinein etwas blüht. Am Ausgang des Winters sind Krokus, Schneeglöckchen oder Winterlinge eine besonders wichtige Nahrungsquelle für die schon zahlreich fliegenden Honigbienen. Und je mehr Pollen und Nektar ein Bienenvolk im Herbst findet, desto besser und gesünder kann es in den Winter gehen.

Vorsicht bei Billigmischungen von Samen, die oft aus China kommen; besser ist heimisches Saatgut. Englischer Rasen ist die Zierde eines jeden Golfplatzes, doch für Biene, Hummel und Co. ist er nur eine grüne Wüste, die sie mit leeren Mägen überqueren müssen in der Hoffnung, dahinter irgendetwas Nahrhaftes zu finden. Auch die moderne Variante des »Steingartens« – statt Garten nur Steine mit ein paar Buchsbäumen oder Koniferen dazwischen – ist für die Blütenbesucher eine Katastrophe, und zwar gleich in doppelter Hinsicht. Damit die Steine schön sauber bleiben und sich auch nicht das kleinste Löwenzähnchen zu zeigen wagt, kommt nämlich in aller Regel auch noch jede Menge Chemie zum Einsatz. Untersuchungen zeigen, dass pro Quadratmeter Fläche von Klein- und Hobbygärtnern mehr Pestizide eingesetzt werden als von Landwirten.

Vermeiden Sie Pestizide!

Zugegeben: Es ist verlockend, sich die Arbeit zu sparen, Moos und kleine Wildkräuter zwischen den Plattenfugen herauszukratzen. Und auch Löwenzahn scheint sich im Frühjahr in den Beeten schneller zu vermehren, als man sich bücken kann. Dennoch sollten Sie nicht mit der chemischen Keule zuschlagen. Auch nicht, wenn Ihre Pflanzen Krankheiten entwickeln. Mit gutem Boden und den für Ihren Garten wirklich geeigneten Pflanzen können Sie dafür sorgen, dass die Pflanzen gesünder und widerstandsfähiger sind. So werden Sie mit Rosen an schattigen Standorten nie wirklich glücklich werden. Boden können Sie verbessern, indem Sie ihn im Frühjahr mit reifem Kompost versorgen oder Pflanzen wie Lupinen oder Gelbsenf aussäen, die den Boden tiefgründig lockern und mit Stickstoff versorgen und (nachdem die Bienen ausgiebig davon genascht haben) auch bestens als Mulch geeignet sind, solange sie noch keine Samen gebildet haben.

Durch regelmäßiges Mulchen halten Sie Wildkräuter in einem erträglichen Rahmen. Auch Unkrautvlies leistet hier gute Dienste. Man kann Pflanzen so auswählen, dass sie sich gegenseitig fördern und Schädlinge und Krankheiten voneinander fernhalten. So verhindert beispielsweise Schnittlauch zwischen Erdbeeren Grauschimmel an den Früchten, Knoblauch oder Lavendel zwischen Rosen halten Blattläuse in Schach.

Für das Problem »Wildwuchs zwischen Plattenfugen« gibt es eine gute Lösung: Ein kleiner Flammenwerfer mit Gaskartusche, mit dem man das hier unerwünschte Grün erst verbrennen und dann abkehren kann, ist allemal besser als das gefährliche, aber leider

UNTEN: Für viele Menschen ist Löwenzahn Unkraut. Bienen sind da anderer Meinung.

trotzdem allgegenwärtige Glyphosat, das unter dem Markennamen »Roundup« vertrieben wird. Natürlich kommt das Grün mit der Flammenwerfer- oder Fugenkratzermethode nach einiger Zeit wieder. Aber sehen Sie das als ein positives Zeichen dafür, dass der Boden noch lebt. Mit dem »Rundumschlag« aus dem Chemielabor bringen Sie dagegen alles um. Vielleicht am Ende auch sich selbst oder Ihre Nachfahren. Denn inzwischen wurde Glyphosat schon im Urin von Großstädtern nachgewiesen.

Ebenso ein anderer Blickwinkel kann helfen. Was Sie als vermeintliches Unkraut ärgert, kann für Bienen ein wahrer Leckerbissen sein. Und spätestens, wenn die Bienen aus dem Löwenzahn erst einmal Löwenzahnhonig gemacht haben, ist er das auch für Sie. Vielleicht sogar schon früher, wenn Sie die Blätter als Salat gegessen haben.

Unterstützen Sie Ihren lokalen Imker!

Die einfache Formel lautet: Honig kann man importieren, Bestäubung nicht! Deshalb sollten Sie so oft wie möglich Ihren lokalen Imker unterstützen. Wenn es ein Bio- oder Demeter-Imker ist, umso besser. Das heißt nicht, dass Sie sich nie mehr eine Besonderheit wie Orangenblütenhonig oder Akazienhonig gönnen sollten. Da die Deutschen Weltmeister im Honigverbrauch sind, kann der Bedarf hierzulande derzeit sowieso nur

zu etwa 20 Prozent gedeckt werden. Aber je mehr Unterstützung die Imker hierzulande erfahren, desto mehr Menschen haben vielleicht auch wieder Lust zu imkern.

Kaufen Sie Bioprodukte!

Und zwar am besten solche aus regionaler Herkunft. So fördern Sie nämlich bäuerliche Landwirtschaft statt Agrarindustrie. Und nur eine bäuerliche Landwirtschaft bietet den Bienen gute Lebensbedingungen. Vielfalt statt Monokulturen, Fruchtfolgen beziehungsweise wechselnde Kulturen statt immer dieselben Pflanzen an derselben Stelle, was zu einem enormen Verbrauch an Kunstdünger und Pestiziden führt – so kann man schon viel erreichen. Ganz abgesehen davon tun Sie sich selbst etwas Gutes. Oder raffen Sie sich freiwillig zu einem Sonntagsspaziergang durch eintönige Maisfelder auf?

Adoptieren Sie Bienen!

Bienen kann man auch adoptieren. Mit den BeeGood-Bienenpatenschaften unterstützen Sie beispielsweise die Arbeit der Lehr- und Versuchsimkerei Fischermühle und tragen so dazu bei, dass weiter für die wesensgemäße Bienenhaltung geforscht werden kann und dafür, wie man die Varroamilbe möglichst bienenverträglich bekämpfen kann oder in welcher Art von Beute sich die Bienen am wohlsten fühlen.

113

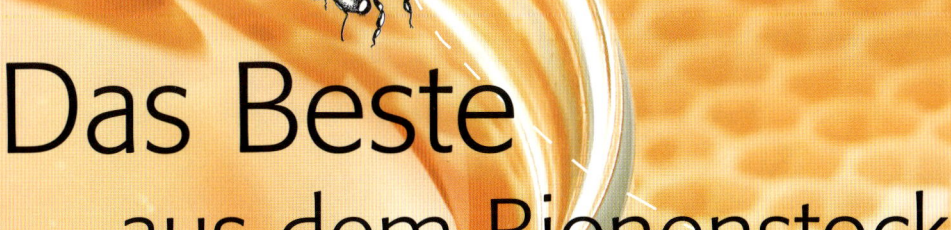

Das Beste
aus dem Bienenstock

Naschkatzen schätzen den süßen Honig. Gesundheitsbewusste schwören auf Propolis oder Gelée royale. Und Romantiker schwärmen von zart duftenden Bienenwachskerzen. Die Bienen schenken uns wertvolle Schätze, die gleichermaßen lecker, gesund und wohltuend sind und die sich mit wenig Aufwand verarbeiten lassen.

Früchtelebkuchen

Wegen der verdauungsfördernden Gewürze wurden Lebkuchen früher in kleinen Mengen unter anderem bei Magenbeschwerden verabreicht. Heute bekommt man eher Magenbeschwerden, wenn man zu viele davon isst – vor allem, wenn sie so lecker sind wie diese hier.

1 · Honig mit etwas Butter erwärmen und abkühlen lassen. Hirschhornsalz und Pottasche jeweils getrennt in etwas Wasser auflösen. Zitronat, Orangeat, Datteln und Feigen fein würfeln. Mandeln in kochendes Wasser geben, das Wasser abgießen und die Mandeln mithilfe eines Tuches enthäuten. Mandeln fein hacken.

2 · Alle Zutaten außer der Aprikosenmarmelade schnell miteinander vermengen.

3 · Ein Backblech fetten und den Teig mit nassen Händen ausstreichen. Bei 200 Grad 20 Minuten backen.

4 · Aprikosenmarmelade erhitzen, durch ein Sieb streichen und mit einem Backpinsel den noch heißen Lebkuchen bestreichen.

5 · Nach dem Abkühlen in Quadrate oder Rechtecke schneiden.

Tipp: Wer mag, kann die Lebkuchen nach dem Abkühlen mit Schokoladenglasur überziehen und mit Haselnüssen bestreuen oder den noch heißen Lebkuchen mit in Wasser angerührtem Puderzucker bestreichen.

Zutaten

200 g Honig

etwas Butter

1 TL Hirschhornsalz

½ TL Pottasche

50 g Zitronat

50 g Orangeat

100 g Datteln

100 g Feigen

100 g Mandeln

3 Eier

400 g Weizenvollkornmehl

2 ½ TL Lebkuchengewürz

100 g Rosinen

abgeriebene Schale einer Zitrone

5 EL Öl

½ Glas Aprikosenmarmelade zum Bestreichen

Walnüsse in Honig

Walnüsse haben zwar viel Fett, sind jedoch gerade in der Kombination mit Honig ein tolles Betthupferl, weil sie das Einschlafen erleichtern. Die Nüsse schmecken am besten lauwarm, sind aber auch kalt ein leckerer Snack – nicht nur für die Weihnachtszeit.

1 • Die Walnusskerne halbieren und in eine Schüssel geben. Den Honig leicht erwärmen, bis er flüssig ist. Über die Walnusskerne gießen, gut untermischen, mit einem Topfdeckel oder Ähnlichem abdecken und zwei Tage bei Raumtemperatur stehen lassen.

2 • Die Walnüsse aus der Schüssel nehmen und in einem großen Sieb oder auf Küchenpapier abtropfen lassen. Anschließend Zucker über die Nüsse streuen, dabei die Nüsse wenden.

3 • Öl in einer beschichteten Pfanne erhitzen. Die Walnüsse in zwei Portionen unter Rühren leicht anbraten. Temperatur zurückdrehen und weiter wenden, bis die Nüsse goldbraun und knusprig sind. Vorsicht: Die Nüsse sollten nicht zu dunkel werden. Abtrocknen lassen.

Zutaten

100 g Walnusskerne

5–6 EL Honig

2 EL Zucker

2–3 EL Pflanzenöl

Griechische Honigkugeln

Zutaten

500 g Mehl

½ TL Salz

1 Würfel Frischhefe
(oder die entsprechende
Menge Trockenhefe)

1 Tasse Honig

etwas Puderzucker

gemahlener Zimt

Öl zum Frittieren

Einer der beliebtesten Nachtische in Griechenland, der auch bei Feiern und Veranstaltungen jeder Art nahezu unverzichtbar ist! Wenn Sie diese sogenannten Loukoumades einmal probiert haben, werden Sie wissen, warum.

1 · Das Mehl mit dem Salz in einer Schüssel vermischen, in der Mitte eine Mulde formen. Die Hefe in 1 ½ Gläsern mit lauwarmem Wasser auflösen und in die Vertiefung geben. Vorsichtig mit dem Mehl verrühren. Mindestens eine Stunde lang zugedeckt gehen lassen.

2 · In einem Topf Öl erhitzen. Den Teig mit Löffeln zu kleinen Bällchen formen (das braucht etwas Übung, da der Teig nicht sehr fest ist), frittieren und auf einem Küchentuch abtrocknen lassen.

3 · Mit warmem Honig übergießen und mit einem Puderzucker-Zimt-Gemisch bestreuen.

Honig-Eis

Eine Leckerei, die nicht nur im Sommer schmeckt. Probieren Sie das Eis doch einmal in der Adventszeit in Kombination mit zerkrümeltem Lebkuchen und lauwarmer Kirschsauce. Die Rezeptangaben reichen für sechs bis acht Portionen.

1 · Eigelb, Ei, 2 EL Honig und Zucker erst im heißen, dann im kalten Wasserbad rühren, bis die Masse dick und cremig ist.

2 · Den restlichen Honig unterrühren, geschlagene Sahne vorsichtig unterziehen.

3 · Das Gemisch ins Gefrierfach stellen.

Tipp: Wenn Ihnen der Kastanienhonig zu herb schmeckt, nehmen Sie einfach Waldhonig.

Zutaten

4 Eigelb (möglichst ganz frische Eier)

1 ganzes Ei

100 Gramm Kastanienhonig

1 EL Zucker

350 ml Schlagsahne

Honig-Marzipan

Zutaten

200 Gramm Mandeln

1 EL Rosenwasser
(gibt's in der Apotheke)

3 EL Honig

Wenn Sie dieses Rezept probiert haben, werden Sie nie wieder Nullachtfünfzehn-Marzipan aus dem Supermarkt haben wollen. Das Honig-Marzipan ist weniger süß, trotzdem viel leckerer – und gesünder!

1 · Mandeln in kochendes Wasser geben, kurz aufkochen, mit kaltem Wasser abschrecken und von den braunen Häutchen befreien. Ausgebreitet gut trocknen lassen.

2 · Die getrockneten Mandeln mit einer Küchenmaschine oder einer (geruchsfreien) Kaffeemühle sehr fein mahlen.

3 · Rosenwasser (je nach Geschmack erst einmal ½ EL) und so viel Honig dazugeben, bis die Masse geschmeidig ist.

Tipp: Auch wenn Sie es sich in der Küche eher bequem machen, sollten Sie nicht auf bereits fertig gemahlene und geschälte Mandeln zurückgreifen. Sie sind zu trocken, sodass Sie hinterher kein Marzipan, sondern bloß Gekrümel haben.

Honig-Müsliriegel

Eine leckere und gesunde Nascherei für zwischendurch. Gibt gerade im Büro frische Energie und sorgt dank der Nüsse für gute Nerven! Und verbessert zudem das Betriebsklima, wenn Sie auch die Kollegen davon naschen lassen.

1 · Die Butter in einem großen, flachen Topf bei schwacher bis mittlerer Hitze schmelzen lassen, mit Mehl und Honig verrühren, mit den restlichen Zutaten verkneten.

2 · Den Teig auf ein mit Backpapier ausgelegtes Backblech streichen und gleichmäßig etwa acht Millimeter dick ausrollen. Mit einem Messer in Riegel schneiden.

3 · Im vorgeheizten Backofen bei 150 Grad etwa 20 Minuten goldbraun backen.

Zutaten

80 g Butter

150 g Weizenvoll-kornmehl

100 g Honig

100 g Kokosraspeln oder -flocken

100 g kernige Hafer-flocken

100 g geriebene Nüsse

3 EL Sonnenblumen-kerne

3 EL klein geschnittenes Trockenobst nach Geschmack

Maismehl-Honig-Muffins

Zutaten

120 g Butter
2 Eier
230 ml Milch
100 g Honig
150 g Weizenmehl
150 g Maismehl
1 EL Backpulver
½ TL Salz

Diese kleinen Kuchen sind ideal, wenn man nur ein wenig naschen will. Und sie sind schnell und einfach zubereitet, falls sich spontan Besuch angemeldet hat. Probieren Sie einmal diese Variante mit viel Honig.

1 · Die Butter schmelzen, nach und nach Eier, Milch und Honig dazugeben und zu einer cremigen Masse verrühren. Die trockenen Zutaten mischen und langsam in die Flüssigmischung einrühren, sodass ein glatter Teig entsteht.

2 · Den Teig in Muffinförmchen füllen (nicht ganz voll machen, da der Teig aufgeht) und 15 Minuten bei 200 Grad backen.

Honig-Senf-Sauce

Mit dieser Sauce sind Sie nicht nur an Silvester, sondern auch in der Grillsaison bestens gerüstet. Sie ist eine beliebte Zutat zu Räucherfisch, Matjesfilets oder Fischpasteten. Das Selbermachen lohnt sich und geht ganz leicht!

Dill waschen, trockentupfen, Spitzen abtupfen und fein hacken. Mit Honig und Senf mischen – fertig.

Tipp: Sie können die Sauce auch noch mit ½ TL Zitronensaft und 1 EL Öl ergänzen. Dann ist sie auch gut als Marinade, zum Beispiel für Hähnchenbrust, geeignet. Oder als süß-scharfer Dip zu gesunden Gemüse-Sticks.

Zutaten

½ Bund Dill

1 EL Honig

1 EL mittelscharfer Senf

Winterlicher **Honig**likör

Zutaten für 2 Liter

900 ml naturtrüber Apfelsaft

350 g Honig

900 ml Wodka

½ TL Lebkuchengewürz

1 walnussgroßes Stück Ingwer

2 Zimtstangen

4 Gewürznelken

je 2 TL abgeriebene Zitronen-, Orangen- und Mandarinenschale (nur heiß abgewaschene Biofrüchte nehmen!)

»Es ist ein Brauch von alters her: Wer Sorgen hat, hat auch Likör«, reimte einst Wilhelm Busch. Bei diesem winterlichen Honiglikör reicht schon der herrliche Duft, damit die Sorgen verfliegen.

1 · Den naturtrüben Apfelsaft leicht erwärmen, den Honig darin auflösen. Wodka und Lebkuchengewürz dazugeben. Den Ingwer schälen und vierteln.

2 · In zwei Literflaschen je eine Zimtstange, zwei Gewürznelken, zwei Ingwerstückchen und je einen TL Zitronen-, Orangen- und Mandarinenschale geben. Mit dem Apfelsaft-Wodka-Honig-Gemisch auffüllen.

3 · Verschließen und ungefähr zwei Wochen ziehen lassen. Danach durch einen Tee- oder Kaffeefilter gießen und in kleine Fläschchen umfüllen.

Tipp: In dekorative Fläschchen gefüllt, ist der Likör auch ein außergewöhnliches Geschenk und Mitbringsel in der Advents- und Weihnachtszeit.

Bärenfang-Likör

Zutaten

1 Bio-Zitrone

500 g flüssiger Blütenhonig

1 l Wodka

½ Zimtstange

½ Vanilleschote

1 Gewürznelke

Die Herkunft des Namens für diesen leckeren Likör ist unklar. Einerseits lockte man früher Bären mit Honig in die Falle. Der Likör soll aber auch ausgeschenkt worden sein, bevor es auf die Bärenjagd ging. Auf alle Fälle schmeckt er so gut, dass man damit auch Menschen »einfangen« kann.

1 · Die Zitrone heiß abwaschen, abtrocknen und mit einem scharfen Messer die gelbe Haut dünn abschneiden (wenn Sie es schaffen, ist eine schmale Spirale besonders schön.) Die weiße Haut nicht mit abschneiden.

2 · Den Honig in einem Topf auf 40 Grad erwärmen und richtig flüssig werden lassen. Dann in eine Schüssel füllen.

3 · Den Wodka nach und nach unterrühren. Zitronenschale und Gewürze dazugeben und alles in ein großes, hohes und verschließbares Glasgefäß füllen.

4 · An einem kühlen und dunklen Ort zwei Monate durchziehen lassen. Dann durch einen Kaffee- oder Teefilter gießen und in kleine Fläschchen abfüllen. Hält mindestens ein Jahr – wenn Sie ihn nicht vorher trinken …

Met (Honigwein)

Die Herstellung des Getränks der alten Germanen ist nicht allzu schwer. Im Mittelalter war der Met übrigens das, was heute das Bier ist: ein absolutes Volksgetränk.

1 · Wasser mit Honig schäumend kochen, dabei immer wieder umrühren und den Schaum abschöpfen. Die Menge verringert sich um etwa ein Drittel. Abkühlen lassen.

2 · Die Hefe in einem Teil des lauwarmen Suds auflösen und unter den restlichen Sud rühren. Den Sud mit Geschirrtüchern abdecken, zwei Tage stehen lassen, dann in einen sauberen Glasballon umfüllen. Nur zu drei Vierteln füllen, damit noch Gärraum bleibt.

3 · Die Gewürze und die in Scheiben geschnittene Zitrone (ohne Kerne) in einem Leinensäckchen ebenfalls in den Glasballon geben. Das Gefäß mit einem Gärspund verschließen.

4 · Nach Beendigung des Gärprozesses, der im kühlen Keller mindestens sechs Wochen dauert, kann der Met vorsichtig in Flaschen gezogen werden. Dazu wird die Flüssigkeit mit einem Schlauch angesaugt, ohne dass der Bodensatz aufgewirbelt wird.

Tipp: Wenn Sie im Süden Deutschlands wohnen, sollten Sie unbedingt den aromatischen Waldhonig probieren, der einen besonders guten Met ergibt. Beliebte Weinhefen sind Portwein- oder Sherryhefe.

Zutaten

5 l weiches Wasser

1250 g Honig

Hefe (am besten Weinhefe, notfalls geht auch 1 EL Bierhefe oder 1 TL Backhefe)

1 Zimtstange

3–4 Gewürznelken

etwas Kardamom

1 große ungespritzte Zitrone

Gesunder Energydrink

Zutaten

1 l kaltes Wasser

100 g Honig, vorzug-
weise hellen Demeter-
Frühjahrsblütenhonig

25 ml Apfelessig

Schon die Athleten bei den antiken Olympischen Spielen in Griechenland erfrischten sich mit Honigwasser. Probieren Sie doch einmal das folgende Rezept, das Ihnen vor allem an heißen Tagen gute Dienste leisten und Energie geben wird.

Alle Zutaten in einen Krug geben und gut rühren, bis sich der Honig vollständig aufgelöst hat. Kalt servieren.

Wachmachertrunk für jeden Tag

Mischen Sie 1 TL Honig, 1 TL Kieselerde und 1 EL Apfelessig in warmem Wasser – und fertig ist Ihr Wachmachertrunk!

Gutes für  die Gesundheit

Gerade wenn es um Rezepte für die Gesundheit geht, sollten Sie unbedingt auf gute Qualität achten. Am besten fahren Sie mit Bienenprodukten aus Demeter-Erzeugung, da dort nicht nur Rückstandsfreiheit garantiert ist, sondern auch ein besonders tiergerechter Umgang mit den Bienen. Was den Honig betrifft, so wird lediglich der mit dem Demeter-Siegel zu keinem Zeitpunkt erhitzt, sondern direkt nach dem Schleudern in die Gläser abgefüllt. Dadurch bleiben alle wertvollen Inhaltsstoffe erhalten.

Die Qualität solchen Honigs erkennen Sie bei längerer Lagerung an der sogenannten Blütenbildung am Glasrand. Hier kristallisiert der enthaltene Traubenzucker in Form kleiner weißer Tupfen aus.

Honig sollten Sie, wenn möglich, nicht über 40 Grad erhitzen, weil dadurch wertvolle Inhaltsstoffe zerstört werden. Beim Backen lässt sich das nicht vermeiden, bei Rezepten für Gesundheit und Schönheit dagegen schon. Viele der Bienenprodukte sind außerdem lichtempfindlich. Deshalb gilt: Lagern Sie alles trocken, kühl und dunkel.

Propolis

Propolis, das Kittharz, das die Bienen vor allem von Knospen sammeln, ist ein natürliches Antibiotikum, gegen das sich in 50 Millionen Jahren keine Resistenzen entwickelt haben, weil es jedes Jahr und je nach Bienenvolk immer wieder anders ist. Es wirkt außerdem auch fungizid, das heißt, es tötet Pilze ab. Aber Achtung: Wenn Sie selbst hergestellte Produkte aus Propolis verkaufen wollen, dürfen Sie nicht mit der medizinischen Wirkung werben. Dafür bräuchten Sie eine Zulassung als Medikament.

Propolistinktur

Propolistinktur eignet sich, mit Wasser vermischt, hervorragend für Mundspülungen. Da sich die Tinktur gerne am Glasrand absetzt, ist es am besten, wenn Sie etwas Wasser in den Mund nehmen und 10 bis 15 Tropfen Propolistinktur dazugeben. Dann kräftig spülen. Bei Halsentzündungen können Sie damit auch gurgeln. Und in der Erkäl-

INFO: Allergiker aufgepasst – Reaktionen auf Propolis

Vorsicht: Manche Menschen reagieren allergisch auf Propolis. Man sollte es also mit der Anwendung, vor allem von Cremes, nicht übertreiben, wenn man juckende und gerötete Hautpartien vermeiden möchte. Das heißt, die Propoliscreme sollte auf keinen Fall großflächig, sondern eher sparsam und punktuell eingesetzt werden.

tungszeit zur Vorbeugung: Dreimal täglich gurgeln und schlucken. Ebenfalls hervorragend geeignet ist die Tinktur bei kleinen Entzündungen, etwa bei eingerissener Nagelhaut. Hier genügt es, wenn Sie einige Tropfen auf ein Pflaster geben und damit die entzündete Stelle bedecken. Die Entzündung verschwindet in der Regel über Nacht.

Hier ein einfaches Rezept für eine Tinktur zum Selbermachen: Geben Sie 30 g handverlesene Rohpropolis aus Demeter-Bienenhaltung in eine Braunglasflasche mit 70 ml 70-prozentigem Weingeist. Schütteln Sie diese Mischung vier bis fünf Wochen lang täglich. Danach gießen Sie das Ganze durch einen Kaffeefilter und füllen es in Fläschchen mit Tropfverschluss ab.

Propolisextrakt und Propoliscreme

Propolisextrakt brauchen Sie, wenn Sie Propoliscreme selbst herstellen wollen. Die Herstellung ist ganz einfach: Sie lassen dazu die Propolistinktur einfach an einem warmen, dunklen Ort so lange offen stehen, bis circa ³/₅ der Tinktur verdunstet sind. Die Konsistenz ist nun sirupartig und der Propolisgehalt liegt bei ungefähr 80 Prozent.

Zutaten (für eine Creme mit etwa fünf Prozent Propolisanteil)

200 ml Olivenöl

50 g Bienenwachs

40 g Propolistinktur

1 · Stellen Sie für die Salbengrundlage eine Mischung aus kalt gepresstem, biologischem Olivenöl und Bienenwachs aus Demeter-Bienenhaltung im Verhältnis 4:1 her. Dazu schmelzen Sie das Bienenwachs im Wasser-

UNTEN: Hochwertige Erzeugnisse aus Bienenprodukten: Propolistropfen und Propoliscreme

bad (nicht über 65 Grad, sonst gehen wertvolle Inhaltsstoffe verloren) und geben das Olivenöl nach und nach unter Rühren hinzu. Erwärmen und rühren Sie die Mischung so lange, bis sie klar geworden ist.

2 · Nehmen Sie sie vom Herd und rühren Sie so lange weiter, bis eine salbenartige Konsistenz erreicht ist. Geben Sie nun den Propolisextrakt unter weiterem Rühren hinzu, was einige Minuten dauert, dann ist er gleichmäßig in der Creme verteilt.

3 · Füllen Sie die fertige Creme in Salbentiegel und lagern Sie sie kühl und dunkel.

Blütenpollen

Blütenpollen enthält alles, was man zum Leben braucht. Neben Vitaminen, Spurenelementen und Mineralstoffen ist dies ein hoher Gehalt an Aminosäuren. Diese Eiweißbausteine braucht der Körper für den Aufbau von körpereigenen Proteinen. Dabei sind vor allem die essenziellen Aminosäuren, die der Körper nicht selbst herstellen kann, ein wichtiger Pollenbestandteil. Die mehrfach ungesättigten Fettsäuren im Pollen schützen den Körper vor Herz- und Gefäßkrankheiten und werden für den Aufbau von körpereigenen Wirkstoffen gebraucht. Außerdem sagt man Blütenpollen eine positive Wirkung bei Depressionen nach. Eigentlich kein Wunder, enthalten Sie doch die Essenz eines ganzen Sommers.

Wichtig: Pollen kann vom menschlichen Verdauungsapparat nur eingeschränkt aufgenommen werden. Deshalb sollten Sie ihn entweder einige Stunden in Joghurt einweichen oder mit Honig vermischen. So kommen Sie in den vollen Genuss der wertvollen Inhaltsstoffe.

Pollenhonig

Geben Sie 500 Gramm feincremigen oder flüssigen Demeter-Honig in eine Schüssel. Rühren Sie dann 150 g Pollenkörner oder Bienenbrot unter. Am besten geht das, wenn Sie den Pollen vorher mit einer Kaffeemühle fein vermahlen haben. Füllen Sie die Masse in ein Glas und lagern Sie sie kühl, trocken und dunkel.

Bienenwachsauflage

Diese Auflage ist besonders wohltuend bei Bronchitis und krampfartigem Reizhusten. Als Kaltauflage ist sie auch bei Gelenkbeschwerden geeignet.

Erwärmen Sie Demeter-Wachs in einem Wasserbad bis knapp über den Schmelzpunkt (62–64 Grad). Tauchen Sie ein Tuch aus rückstandsfreier Baumwolle oder Leinen aus kontrolliert biologischem Anbau vollständig in das Wachs ein und hängen Sie es anschließend zum Trocknen auf. Zur Anwendung bei Bronchitis erwärmen Sie die Aufla-

OBEN: Blütenpollen sollten Sie nicht pur einnehmen, sonst verpufft seine Wirkung.

ge vorsichtig in einem Tuch auf einer Wärmflasche bei circa 50 Grad. Legen Sie sie dann warm direkt auf die Brust. Decken Sie die Bienenwachsauflage mit einem Wolltuch ab und halten Sie sie mit der Wärmflasche warm. Lassen Sie die wohltuend duftende Auflage ein bis drei Stunden bei ruhiger und entspannter Haltung einwirken.

Die Wachsauflage kann so lange wiederverwendet werden, wie sie nach Wachs duftet. Als Kaltauflage hilft sie auch bei Juckreiz und Entzündungen.

Honigmassage

In Russland, aber auch in Tibet ist die Honigmassage weitverbreitet. Obwohl man sich das wegen seiner klebrigen Konsistenz nicht so recht vorstellen kann, ist Honig sehr gut zum Massieren geeignet. Und eine Honigmassage sorgt nicht nur für Entspannung, sondern ist auch gesund.

Am besten geeignet für die Honigmassage ist ein möglichst flüssiger Blütenhonig, selbstverständlich mindestens in Bioqualität. Waldhonig sollten Sie zu Massagezwecken nicht nehmen, weil er eitererregende Stoffe enthält. Normalerweise wird der Rücken massiert; es gibt jedoch auch Honigmassagen fürs Gesicht. Damit die Massage nicht allzu schmerzhaft ist – es kann hin und wieder schon ein wenig ziepen –, sollte die Haut unbedingt haarfrei sein.

Die Honigmassage erfordert einige spezielle Kenntnisse, die Sie jedoch leicht in entsprechenden Kursen erlernen können. Wenn Sie bei einer Suchmaschine im Internet das Stichwort »Honigmassage« eingeben, werden Sie bestimmt fündig. Auch an der Fischermühle bei Mellifera e. V. wird solch ein Kurs angeboten.

Der flüssige Honig wird zunächst vorsichtig und gleichmäßig auf der Haut verrieben. Die restliche Massage ist eher ein Klopfen, Ziehen und Zupfen.

Der Honig zieht im Lauf der Massage lange, klebrige Fäden und verändert seine Farbe, weil er Schlacken aufnimmt. Je nachdem, wie viele Giftstoffe er aufnimmt, kann er sich gegen Ende der Behandlung in eine weiße, zähe Masse verwandelt haben. Gefördert wird die Entschlackung durch den hohen Zuckergehalt des Honigs.

Der Honig verbessert außerdem die Durchblutung, regt das Immunsystem an und gibt neue Kraft. Dennoch sollten Sie im Anschluss an eine Massage mindestens eine halbe Stunde ruhen, vielleicht sogar ein kleines Nickerchen machen.

Bei einer Honigmassage sollten in der Regel zwei Durchgänge gemacht werden. Nach den einzelnen Massagegängen wird der Honig vorsichtig mit einem Handtuch abgenommen, das man zuvor in heißes Wasser getaucht hat. Probieren Sie es aus!

OBEN: Honig ist gut für Massagen geeignet. Er entgiftet und sorgt für Entspannung.

Rezepte für
gesunde Schönheit

Statt teure Kosmetika zu verwenden, gehen immer mehr Menschen dazu über, sich ihre Pflegeprodukte selbst herzustellen. Gut so! Denn auch die teuerste Naturkosmetik aus dem Laden enthält noch Konservierungsstoffe. Ein weitere Vorteil der selbst gemachten Schönheitsprodukte: Sie sind preiswerter. Und es kommt nur das hinein, was Sie selbst mögen und vertragen.

Bienenwachs, Honig & Co. sind besonders gut geeignete Zutaten für verschiedene Pflegeprodukte zum Selbermachen. Gesundheit ist oft gleichbedeutend mit Schönheit. Bekanntlich kommt wahre Schönheit sowieso von innen – und sei es aus dem Inneren eines Bienenstocks. Probieren Sie es einfach einmal aus. Die nachfolgenden Rezepte können Ihnen dabei helfen.

Reinigungsemulsion mit Honig und Joghurt

Diese intensiv reinigende Emulsion, die die Haut schön weich macht, ist für alle Hauttypen gut geeignet.

Zutaten

150 ml Joghurt
3 TL Honig

Verrühren Sie den Joghurt mit dem Honig in einem Topf bei möglichst schwacher Hitze. Lassen Sie die Joghurt-Honig-Mischung fünf Stunden lang ziehen. Füllen Sie die Mischung in ein verschließbares Glas und stellen Sie sie in den Kühlschrank.

Honig-Quark-Maske

Es gibt auch einfache Rezepte für spezielle Hauttypen. Diese Maske ist beispielsweise sehr gut für fettige Haut geeignet.

Zutaten

1 EL Magerquark
1 TL Honig
1 TL Zitronensaft
2 TL Frischmilch

Vermischen Sie den Magerquark mit dem Honig, dem Zitronensaft und der Frischmilch. Tragen Sie die Maske auf – lassen Sie dabei die Augen- und Mundpartie frei – und entspannen Sie. Nehmen Sie die Honig-Quark-Maske nach dem Trocknen mit feuchtwarmen Tüchern wieder ab.

Tipp: Wenn Sie statt des Magerquarks Sahnequark nehmen und die Zitrone weglassen, ist die Maske auch sehr gut für normale bis trockene Haut geeignet.

Honig-Hefe-Maske

Mit dem folgenden Rezept sind Sie auf einem guten Weg zu einer reinen und besonders streichelzarten Haut.

Zutaten

2 EL Olivenöl
1 TL Honig
½ **Würfel frische Hefe**

Erwärmen Sie das Olivenöl im Wasserbad. Nehmen Sie den Topf vom Herd und lösen Sie den Honig im warmen Öl auf. Zerbröseln Sie die Hefe so fein wie möglich und verrühren Sie alles zusammen zu einem streichfähigen Brei. Tragen Sie die Maske auf und lassen Sie sie antrocknen. Nehmen Sie sie dann mit feuchtwarmen Tüchern ab.

Honig-Eiweiß-Maske

Diese reizlindernde Maske aus Honig, Eiweiß und etwas Mehl reinigt, strafft und heilt fettige Haut.

Zutaten

1 Eiweiß
3 EL flüssigen Honig
etwas Weizenmehl

Schlagen Sie das Eiweiß zu festem Schnee. Anschließend den Honig unterrühren. Zum Schluss das Weizenmehl unter Rühren dazugeben, bis ein dickflüssiger Brei entsteht. Die Maske lässt sich am besten mit einem weichen Pinsel auftragen. Etwa 30 Minuten einwirken lassen. Mit lauwarmem Wasser abspülen oder mit einem in heißes Wasser getauchten Handtuch abnehmen.

Tipp: Wenn der Honig eher cremig bis zähflüssig ist, erwärmen Sie ihn ein wenig – aber nicht zu heiß werden lassen, da sonst wertvolle Inhaltsstoffe verloren gehen!

Haarpackung mit Honig, Olivenöl und Ei

Diese Kur glättet störrisches Haar und macht es wieder weich und geschmeidig. Sie ist auch pflegend bei Spliss.

Zutaten

1 TL Honig
2 EL Olivenöl
1 Ei

Vermischen Sie den Honig mit dem Olivenöl. Geben Sie anschließend das Ei hinzu und rühren Sie das Ganze kräftig durch. Massieren Sie die Kur ins feuchte Haar ein und lassen Sie sie eine halbe Stunde einwirken. Spülen Sie die Haarpackung gründlich aus und waschen Sie Ihr Haar mit Shampoo, wenn nötig, zweimal. Es sollten keine Reste der Kur im Haar verbleiben.

Milch-Honig-Bad

Das Bad ist für jeden Hauttyp geeignet. Tauchen Sie ab und genießen Sie. Und nicht wundern, wenn Sie als Kleopatra wieder auftauchen …

Zutaten

2 Handvoll Salz
1 Tasse Honig
1 l Milch
½ TL Weizenkeimöl

Geben Sie das Salz in die trockene Badewanne. Lassen Sie das Badewasser einlaufen. Lösen Sie den Honig in der leicht erwärmten Milch auf und geben Sie das Gemisch mit dem Weizenkeimöl ins Wasser.

Lippenbalsam mit Honig und Wachs

Der Balsam schützt die Lippen vor dem Austrocknen und macht sie weich und geschmeidig. Mit diesem Honigmund kann kein Erdbeermund mithalten.

Zutaten

10 g Bienenwachs
30 ml Jojobaöl
1 TL Honig

Erhitzen Sie das Bienenwachs und das Jojobaöl im heißen Wasserbad, bis eine klare Schmelze entstanden ist. Erwärmen Sie den Honig ebenfalls im Wasserbad auf 30 Grad. Geben Sie den Honig zu Ihrer Wachs-Öl-

OBEN: Schnell gemacht und eine besondere Pflege ist ein Lippenbalsam mit Honig und Wachs.

Mischung und rühren Sie so lange, bis der Balsam kalt ist. Füllen Sie ihn in ein Cremetöpfchen.

Tipp: Wenn es mal besonders schnell gehen muss … einfach etwas Honig auf die Lippen auftragen und nach zehn Minuten ablecken.

Glänzender Haarfestiger

Honig ist auch bestens zur Herstellung eines leicht zu machenden Haarfestigers geeignet.

Das natürliche Stylingprodukt ist für alle Haartypen geeignet.

Zutaten

½ l **Wasser**
1 TL **Honig**
Erwärmen Sie das Wasser und lösen Sie den Honig darin auf. Füllen Sie die Flüssigkeit in eine Sprühflasche. Nach der Haarwäsche den Haarfestiger ins handtuchtrockene Haar einsprühen und wie gewohnt trocknen.

Tipp: Mit ein paar Tropfen Obstessig bringen Sie noch mehr Glanz ins Haar.

Und ganz zum Schluss: Kerzen aus Bienenwachs

Wenn Sie Biowachs oder Wachs aus Naturwabenbau haben, ist das eigentlich viel zu schade zum Verbrennen. Aber je älter das Wachs, desto dunkler wird es und desto enger werden die Zellen, weil die vielen Puppenkokons darin verbleiben. Außerdem können sich in altem Wachs leichter Krankheitserreger auf den Waben ansiedeln. Und schließlich gibt es beim Schleudern manchmal Bruch, und auch beim Entdeckeln fällt Wachs an. Wenn Sie das nicht alles für Kosmetikartikel verwenden wollen, kann man natürlich auch Kerzen daraus herstellen. Denn es gibt gerade in der dunklen Jahreszeit nichts Schöneres und Anheimelnderes als eine echte Bienenwachskerze, die mit ihrem unvergleichlichen Duft die Erinnerung an warme und leuchtende Sommertage weckt. Deshalb sollen hier ganz kurz zwei Möglichkeiten vorgestellt werden, selbst Kerzen herzustellen.

Man kann Kerzen gießen, ziehen, kneten oder aus Mittelwänden rollen. Puristen schwören, dass das Kerzenziehen die beste Methode sei. Zumindest hat es unzweifelhaft etwas Meditatives, wenn die Kerze mit jedem Eintauchen ganz langsam immer dicker wird. Außerdem kann es beim Gießen vorkommen, dass sich das Wachs in der Mitte zum Docht hin ein wenig einzieht, wenn man das Wachs zu schnell einfüllt, da es am Rand zuerst erkaltet und sich dabei das Volumen des Wachses verringert. Andererseits können Sie dank einer Vielzahl von Silikonförmchen Kerzen in den unterschiedlichsten Formen gießen.

Egal, ob Sie Kerzen ziehen oder gießen möchten: Sie brauchen dazu gereinigtes Wachs. Das Wachsschmelzen lohnt sich für kleine Imkereien kaum. Es gibt aber Betriebe, die Altwachs in Mittelwände umtauschen. Wenn Sie dennoch selbst Wachs schmelzen wollen, ist ein Sonnenwachsschmelzer eine sehr umweltfreundliche und preisgünstige Methode, weil die Energie von der Sonne kommt. Allerdings dauert es relativ lange, und das Gerät muss immer wieder zur Sonne gedreht werden. Der Sonnenwachsschmelzer ist ein flacher, gut abgedichteter Kasten mit einem Glasdeckel. Eine aus dem Rähmchen geschnittene Bienenwabe, die mehrfach gut mit Wasser ausgespült wurde,

INFO: Besondere Vorsicht im Umgang mit Wachs

Bei sehr starker Sonneneinstrahlung können der Sonnenwachsschmelzer und natürlich auch das Wachs darin sehr heiß werden. Wachs, das sehr heiß ist, kann sich selbst entzünden. Deshalb sollten Sie Wachs nicht über 80 Grad erhitzen und beim Wachsschmelzen im Topf im Wasserbad arbeiten. Brennendes Wachs darf niemals mit Wasser gelöscht werden! Stattdessen einen Deckel oder ein feuchtes Tuch auflegen, das erstickt die Flamme.

um Honigreste zu entfernen, wird auf eine Platte im Kasten aufgelegt. Dann wird der Sonnenwachsschmelzer schräg zur Sonne ausgerichtet. Das flüssige Wachs läuft in eine herausnehmbare, mit etwas Wasser gefüllte Wanne im unteren Bereich des Sonnenwachsschmelzers. Je dunkler das Wachs, desto geringer die Wachsausbeute, weil es in den Kokonhäuten zurückbleibt.

Um das Wachs zu klären, benötigen Sie ein feines Sieb und einen hohen Topf aus Edelstahl oder Emaille. Diesen füllen Sie zu etwa einem Viertel mit Wasser, damit sich später der erkaltete Wachsblock aus dem Topf löst, und geben dann Ihre Wachsrohlinge hinzu.

Das Ganze erwärmen Sie vorsichtig, bis das Wachs schmilzt. Viele Unreinheiten steigen auf und lassen sich mit dem Sieb abnehmen. Anschließend lassen Sie das Wachs möglichst langsam abkühlen. Umso mehr Zeit haben nämlich feine Schmutzteilchen, im Wachs nach unten zu sinken. Nach dem vollständigen Abkühlen stürzen Sie den erkalteten Wachsboden aus dem Topf und kratzen die Schmutzteilchen, die jetzt oben sind, mit einem Messer ab. Der Vorgang muss gegebenenfalls wiederholt werden, bis das Wachs wirklich ganz sauber ist.

Eine andere, besonders für Bienenkistenimker gut geeignete Methode ist folgende: Geben Sie ein Filtertuch mit von der Honigernte übrigen Wachskrümeln in einen Eimer und spülen Sie das Wachs mehrfach mit kaltem oder lauwarmem Wasser aus, um den restlichen Honig zu entfernen. Danach kippen Sie die Wachskrümel in einen alten Topf und füllen ihn mit Wasser auf. Erhitzen Sie die Krümel unter Rühren, bis das Wachs geschmolzen ist. Lassen Sie es langsam abkühlen. Das Wachs setzt sich dabei oben ab. Wenn Sie die Wachsplatte nicht aus dem Topf kippen können, stellen Sie diesen entweder kalt, damit das Volumen geringer wird, oder übergießen Sie den Topf von außen mit heißem Wasser, damit die Randschicht schmilzt und sich das Wachs lösen lässt.

Achtung! Heißes Wachs kann spritzen. Sie sollten also empfindliche Böden mit alten Zeitungen oder Ähnlichem abdecken.

UNTEN: Teelichter aus Bienenwachs kann man leicht selber herstellen. Die Mühe lohnt sich.

Kerzen gießen

Die Dicke des Dochtes ist wichtig, damit die Kerze gut brennt. Der Docht sollte $1/10$ des Durchmessers der Kerze betragen, eine sechs Zentimeter dicke Kerze braucht einen sechs Millimeter dicken Docht. Bei einem zu dünnen Docht bleibt der Rand stehen, ein zu dicker Docht rußt. Zu beachten ist außerdem, dass das untere Ende der Gießform hinterher das obere Ende der Kerze ist.

Material

gereinigtes Wachs (dem Sie, wenn Sie möchten, auch Farbpigmente hinzugeben können), Dochte (Stärke abhängig von der Dicke der Kerze), eine oder mehrere Gießformen (gut geeignet sind solche aus Silikon), Schaschlikspieß oder Stricknadel, einen mit wenig Wasser gefüllten Topf und einen kleineren Topf oder eine Schüssel fürs Wasserbad

1 · Führen Sie den Docht durch das Dochtloch und befestigen Sie ihn mit einem Knoten und etwas Wachs.

2 · Um das obere Ende zu fixieren, können Sie einen Schaschlikspieß oder eine Stricknadel quer über das Gefäß legen und den Docht daran festknoten. Wenn Sie Runddochte verwenden, achten Sie darauf, dass die einem V ähnliche Seite hinterher an der Oberseite der Kerze ist, also da, wo die Flamme brennen soll.

UNTEN: Docht und Wachsplatten – mehr braucht man nicht für selbstgerollte Kerzen.

OBEN: Echte Bienenwachskerzen bringen die Erinnerung an den Sommer zurück.

3 · Erhitzen Sie das Wachs im Wasserbad. Geben Sie erst nur wenig Wachs in die Gießform und lassen Sie es abkühlen. So wirkt es wie ein Pfropf und verhindert, dass Wachs ausläuft. Füllen Sie dann das restliche Wachs ein und lassen Sie es langsam abkühlen. (Mit Tüchern abgedeckt, kühlt es nicht so schnell ab.) Danach können Sie die Kerze entnehmen. Falls nicht, stellen Sie sie kurz in den Kühlschrank.

Tipp: Je älter die Kerzen sind, desto gleichmäßiger brennen sie. Sie verlängern die Brenndauer auch, wenn Sie die Kerzen vor dem Anzünden in kaltes Salzwasser legen.

Kerzen ziehen

Material
gereinigtes Bienenwachs, Dochte (am besten in verschiedenen Größen), einen mit wenig Wasser gefüllten Topf und einen kleineren Topf oder eine Schüssel fürs Wasserbad, Thermometer, Löffel und Rührstab, Topflappen, Messer und Schere, Holzlatten mit Nägeln, an die Sie die Kerzen hängen können

1 · Schmelzen Sie das Wachs in einem Wasserbad. Die ideale Wachstemperatur, die Sie mit einem Thermometer überprüfen können, liegt bei etwa 80 Grad.

2 · Suchen Sie je nach geplanter Kerzendicke einen geeigneten Docht aus (etwa $1/10$ des Kerzendurchmessers, lieber zu klein als zu

groß). Bei Verwendung eines Runddochts müssen Sie darauf achten, dass die Dochtfasern auf der flachen Seite wie ein V nach unten zeigen. Am besten knüpfen Sie immer gleich eine Schlaufe, wenn Sie den Docht von der Rolle abschneiden. Die Schlaufe bildet dann jeweils die Kerzenspitze. Tauchen Sie nun den Docht langsam in das heiße Wachs, wobei er etwa 1,5 cm unterhalb der Schlaufe frei von Wachs bleiben sollten. Lassen Sie den Docht beim ersten Tauchgang etwa fünf Sekunden im Wachs, beim nächsten Tauchgang nur etwa eine Sekunde. Ziehen Sie den Docht nach den ersten Tauchgängen wieder gerade.

3 · Hängen Sie die Kerze zum Abkühlen auf. Wenn sich das Wachs am Docht beim Berühren weder warm noch kalt anfühlt, können Sie den Docht erneut eintauchen.

4 · Wenn die Kerze die gewünschte Dicke erreicht hat, schneiden Sie die Abtropfspitze am unteren Kerzenrand mit einem Messer ab und rollen Sie den unteren Rand auf einer harten Unterlage nach innen. Stellen Sie die Kerze gerade und schneiden Sie die Schlaufe am oberen Ende auf.

Tipp: Beim Kerzenziehen darf man ebenso wenig ungeduldig sein wie bei den Bienen! Lassen Sie das Wachs nach jedem Tauchgang gut fest werden. Sonst kann es Ihnen passieren, dass die fast fertige Kerze vom Docht abrutscht und ins heiße Wachs fällt; dann war die ganze Arbeit vergebens.

Stichwortverzeichnis

Bildnachweis

Africa Studio – Fotolia.com: 129, 146, Africa Studio – shutterstock.com: 140, ahavelaar – Fotolia.com: 95u, allOver – blickwinkel.de: 102, amiga_ – Fotolia.com: 60, Andreja Donko – shutterstock.com: 153, apiguide – shutterstock.com: 86, araraadt – Fotolia.com: 20, Armbruster: 66, 67, 94, 108, 109, Aubord Dulac – shutterstock.com: 2/3, badmanproduction – Fotolia.com: 45, Beata Polatynska / StockFood: 136, Brent Hofacker – Fotolia.com: 126, Brett Danton / StockFood: 139, brozova –istockphoto.com: 133, Chaudron Pastel / StockFood: 144, Chuck Place / StockFood: 121, clearimages – shutterstock.com: 8, Dmytro Smaglov – Fotolia.com: 37, doris ober-frank-list – Fotolia.com: 110, Eising Studio – Food Photo & Video / StockFood: 130, Elena Schweitzer – Fotolia.com: 5r, 118, Flora Press/BIOSPHOTO/Antoine Lorgnier: 84, 103, Flora Press/BIOSPHOTO/Dominique Delfino: 104, Flora Press/Daniela Kunze: 5l, 83, 89, 105, Flora Press/The Garden Collection/Neil Sutherland: 22, Francis Dzikowski / akg-images: 14, frog-travel – Fotolia.com: 52, Gert Hochmuth – shutterstock.com: 13, hannamonika – Fotolia.com: 145, Harry Bischof / StockFood: 125, Heike Rau – shutterstock.com: 149, hraska – Fotolia.com: 58, hsvrs – istockphoto.com: 154, IngridHS – Fotolia.com: 116, joanna wnuk – Fotolia.com: 16, jo-kapix – Fotolia.com: 95o, Kob, S.: 74, kyslynskyy – Fotolia.com: 34, LenaLeonovich – Fotolia.com: 112, lightpoet – Fotolia.com: 49, Ludmila Smite – Fotolia.com: 10, mauritius images / Maskot: 9, mauritius images / Hubertus Blume: 24, mauritius images / ib / david tipling: 96, mauritius images / ib / Franz Christoph Robiller: 38, mauritius images / ib / Horst Sollinger: 98, mauritius images / ib / Treat Davidson/FLPA: 31, mauritius images / P. Widmann: 142, mauritius images / United Archives: 6/7, Mert Toker – shutterstock.com: 86, Meyer-Rebentisch, K.: 51o, 56, 91, 106, Mirek Kijewski – shutterstock.com: 68, MurzikNata – shutterstock.com: 76, NPL/Kim Taylor – arco-images.de: 32, Ovidiu Iordachi – Fotolia.com: 114/115, Petr Baumann – shutterstock.com: 57, Poeplau: 4r, 26/27, 29, 30, 46, 54, 63, 80, 150, 152, R.Erl – arco-images.de: 41, Risse, H.: 51m, Roland Krieg / StockFood: 19, Rothe, S.: 81, 88, saratm – Fotolia.com: 71, Schwelle,D.: 50, shaiith – Fotolia.com: 135, Sonja Birkelbach – Fotolia.com: 42, stieberszabolcs – Fotolia.com: 78, Thierfelder, J.: 75, Tom Bayer – Fotolia.com: 64, Tourneret, E.: 51u, Tyler Olson – shutterstock.com: 72, val lawless – shutterstock.com: 28, WoGi – Fotolia.com: 40, Wolfgang Kleinschmidt / StockFood: 122, WONG SZE FEI – Fotolia.com: 1, 4l, www.wikipedia.org: 21, Yü Lan – Fotolia.com: 93

Literatur und Adressen, die Ihnen weiterhelfen

Matthias Lehnherr: **Imkerbuch**

Michael Weiler:
Der Mensch und die Bienen

Erhard Maria Klein:
Die Bienenkiste

Prof. Dr. Jürgen Tautz:
Phänomen Honigbiene

Das Schweizerische Bienen-buch (in fünf Bänden)

Handbuch des Netzwerks
Blühende Landschaft: **Wege zu einer blühenden Landschaft**

Fachzeitschriften

ADIZ, die biene, Imkerfreund
Herausgeber: Deutscher Land-wirtschaftsverlag GmbH
www.dlv.de

Bienenpflege
Herausgeber: Landesverband
Württembergischer Imker e. V.
www.lvwi.de/bienenpflege.html

Deutsches Bienen Journal
Herausgeber: Deutscher
Bauernverlag GmbH
www.bienenjournal.de

Die Neue Bienenzucht
Herausgeber: Landesverband
Schleswig-Holsteinischer und
Hamburger Imker e. V.
www.imkerschule-sh.de/imker-zeitung

Imkerverbände

DIB: Deutscher Imkerbund
www.deutscherimkerbund.de

Deutscher Berufs- und Erwerbsimkerbund e. V.
www.berufsimker.de

Mellifera e. V.
(wesensgemäße/ökologische
Bienenhaltung)
www.mellifera.de

Landesverband Badischer Imker e. V.
www.badische-imker.de

Landesverband Württem-bergischer Imker e. V.
www.lvwi.de

Landesverband Bayerischer Imker e. V.
www.imker-bayern.de

Imkerverband Berlin e. V.
www.imkerverband-berlin.de

Landesverband Brandenbur-gischer Imker e. V.
www.imker-brandenburgs.de

Imkerverband Hamburg e. V.
www.ivhh.de

Landesverband Hessischer Imker e. V.
www.hessische-imker.de

Landesverband der Imker Mecklenburg und Vorpom-mern e. V.
www.imkermv.de

Landesverband Hannover-scher Imker e. V.
www.imkerlvhannover.de

Landesverband der Imker Weser-Ems e. V.
www.imker-weser-ems.de

Imkerverband Rheinland e. V.
www.imkerverbandrheinland.de

Landesverband Westfälischer und Lippischer Imker e. V.
www.imkerverband-westfalen-lippe.de

**Rheinland-Pfalz:
Imkerverband Nassau e. V.**
www.imkerverbandnassau.de

Imkerverband Rheinland e. V.
www.imkerverbandrheinland.de

Imkerverband Rheinland-Pfalz e. V.
www.imkerverband-rlp.de

Landesverband Saarländi-scher Imker e. V.
www.Saarlandimker.de

Landesverband Sächsischer Imker e. V.
www.sachsenimker.de

Imkerverband Sachsen-Anhalt e. V.
www.imkerverband-sachsen-anhalt.de

Landesverband Schleswig-Holsteinischer und Hambur-ger Imker e. V.
www.imkerschule-sh.de

Landesverband Thüringer Imker e. V.
www.lvthi.de

Über die Autorin

Nach ihrem Anglistik- und Germanistikstudium arbeitete Sabine Armbruster bei einem Verlag für technische Fachzeitschriften als Redakteurin und Chefredakteurin. Danach war sie Pressesprecherin der Messe Stuttgart und machte die Presse- und Öffentlichkeitsarbeit für den ökologischen Imkerverband Mellifera e. V. Heute ist sie freie Journalistin, PR-Beraterin und Autorin. Sie interessiert sich für die Natur in all ihren Facetten und erlebt diese am liebsten gemeinsam mit ihrem Beagle Rufus.

Impressum

Bibliografische Information der Deutschen Nationalbibliothek
Die Deutsche Nationalbibliothek verzeichnet diese Publikation in der Deutschen Nationalbibliografie; detaillierte bibliografische Daten sind im Internet über http://dnb.d-nb.de abrufbar.

BLV Buchverlag
GmbH & Co. KG
80797 München

©2014 BLV Buchverlag GmbH & Co. KG, München

Umschlagkonzeption: Kochan & Partner, München
Umschlagfotos:
Vorderseite: Blickwinkel/McPhoto
Rückseite: amiga - Fotolia

Lektorat: Katharina May, Angelika Sust | Textlabor Sust, Berlin
Herstellung: Hermann Maxant
Layoutkonzept Innenteil: griesbeckdesign, München
Satz und Layout: griesbeckdesign, München

Gedruckt auf chlorfrei gebleichtem Papier

Printed in Germany

ISBN 978-3-8354-1126-5

Hinweis
Das vorliegende Buch wurde sorgfältig erarbeitet. Dennoch erfolgen alle Angaben ohne Gewähr. Weder Autorin noch Verlag können für eventuelle Nachteile oder Schäden, die aus den im Buch vorgestellten Informationen resultieren, eine Haftung übernehmen.